KOMPAKT-WISSEN
MATHEMATIK

Alfred Müller

Geometrie

STARK

ISBN 13: 978-3-89449-621-0
ISBN 10: 3-89449-621-5

D-85318 Freising · Postfach 1852 · Tel. (08161) 1790
v 06-10

Inhalt

Vorwort

Ebene Geometrie **1**
1 Grundbegriffe 1
2 Winkel an Geradenkreuzungen, in Dreiecken, Vierecken und Vielecken 3
3 Symmetrie und Kongruenz 6
4 Grundkonstruktionen 11
4.1 Übertragung von Strecken und Winkeln 11
4.2 Konstruktion besonderer Linien 12
4.3 Konstruktionen bei Kongruenzabbildungen 15
5 Dreiecke 17
5.1 Sätze über Dreiecke 17
5.2 Dreieckskonstruktionen 19
6 Vierecke 25
6.1 Viereckskonstruktionen 25
6.2 Spezielle Vierecke 26
7 Beziehungen am Kreis 28
7.1 Kreis und Tangente 28
7.2 Kreis und Winkel 29
7.3 Kreisvierecke 31
7.4 Gegenseitige Lagebeziehungen zweier Kreise zueinander 33
8 Beweisverfahren in der Geometrie 35
8.1 Kongruenzbeweis 35
8.2 Direkter Beweis 36
8.3 Indirekter Beweis 37
8.4 Satz und Kehrsatz 37
9 Zentrische Streckung und Ähnlichkeit 39
9.1 Definition und Eigenschaften der zentrischen Streckung 39
9.2 Vektoren und S-Multiplikation 42

Fortsetzung siehe nächste Seite

9.3 Ähnlichkeit ... 44
9.4 Ähnlichkeitskonstruktionen ... 46
9.5 Teilpunkt ... 46
9.6 Strahlensatz ... 48

10 Satzgruppe des Pythagoras ... 50

11 Flächeninhalte und Umfänge ... 57

Räumliche Geometrie ... 63

1 Punkte, Geraden und Ebenen ... 63
1.1 Geraden ... 63
1.2 Ebenen ... 64
1.3 Lage von Gerade und Ebene zueinander ... 64

2 Darstellung von Körpern ... 66
2.1 Darstellung in Grund- und Aufriss ... 66
2.2 Schrägbilder ... 67

3 Körper ... 69
3.1 Gerades Prisma ... 69
3.2 Pyramide und Cavalieri'sches Prinzip ... 70
3.3 Platonische Körper ... 73
3.4 Gerader Kreiszylinder ... 75
3.5 Gerader Kreiskegel ... 76
3.6 Kugel ... 78

Trigonometrie ... 81

1 Winkelfunktionen am rechtwinkligen Dreieck ... 81
1.1 Definition der Winkelfunktionen und ihre Werte ... 81
1.2 Berechnungen am rechtwinkligen Dreieck ... 84
1.3 Winkelfunktionen für Werte über 90° ... 86
1.4 Graphen der trigonometrischen Funktionen ... 89

2 Berechnungen allgemeiner Dreiecke ... 90
2.1 Sinussatz ... 90
2.2 Kosinussatz ... 91
2.3 Anwendungsbeispiele ... 92

Stichwortverzeichnis ... 97

Autor: Alfred Müller

Vorwort

Liebe Schülerinnen, liebe Schüler,

die Geometrie als ältestes Stoffgebiet der gesamten Mathematik mit ihren praktischen Anwendungen im Alltag, in der Technik, in Kunst und Wissenschaft wächst als Schulfach über einige Schuljahre und verlangt große Exaktheit im logischen Denken und im konstruktiven Vorgehen sowie Sicherheit in der Verwendung der vielen Axiome, Definitionen und Sätze.
Dieser Band aus der Reihe „Kompakt-Wissen" bietet diesen Unterrichtsstoff der Geometrie in komprimierter Form.

- Der gesamte Unterrichtsstoff wird **verständlich erklärt** und gilt als **Grundlage** für die Analytische Geometrie der Oberstufe.
- Wichtige **Definitionen, Lehrsätze** und **Anleitungen zum Lösen von Aufgaben** sind hervorgehoben, **Konstruktionen** sind anschaulich beschrieben und ausgeführt.
- Charakteristische und prägnante **Beispiele** aus der Unterrichtspraxis verdeutlichen die jeweiligen Stoffinhalte.
- Das ausführliche **Stichwortverzeichnis** führt schnell und treffsicher zum jeweiligen Stoffinhalt.

Dieses Buch ist somit ideal geeignet zum schnellen Nachschlagen von Begriffen, zur zeitsparenden Wiederholung von Unterrichtsstoff und zur Vorbereitung auf Klassenarbeiten.

Alfred Müller

Ebene Geometrie

Unter Geometrie verstehen wir die Untersuchung der Eigenschaften und gegenseitigen Beziehungen sowie die Konstruktion von Figuren (Punktemengen) des (Anschauungs-)Raumes.

1 Grundbegriffe

Ausgehend von den Grundlagen werden zuerst für die ebene Geometrie und später für die räumliche Geometrie die Gesetzmäßigkeiten vorgestellt und auf ausgewählte Beispiele angewendet. Hilfsmittel für die Konstruktionen sind Zirkel, Lineal und Winkelmesser bzw. Geodreieck.

Die Grundlagen der **ebenen Geometrie** sind Punkte und Geraden.

Eine **Gerade** g = AB ist durch zwei Punkte A und B eindeutig bestimmt. Das zwischen den Punkten liegende Geradenstück ist ihre kürzeste Verbindung und heißt **Strecke** [AB]. Jeder Strecke [AB] ist ihre **Länge** $\overline{AB}$ zugeordnet.

[AB ist eine **Halbgerade** oder ein **Strahl** durch B mit dem Anfangspunkt A.

Zwei Halbgeraden [SA und [SB mit dem gemeinsamen Anfangspunkt (Scheitel) S bilden einen **Winkel $\varphi = \sphericalangle ASB$**. Jedem Winkel φ (Drehrichtung gegen den Uhrzeigersinn) ist eine in Grad (°) gemessene Winkelgröße zugeordnet.

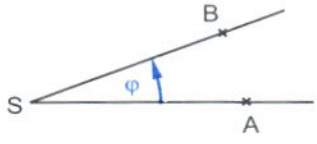

Drei Punkte A, B und C, die nicht auf einer Geraden liegen, bestimmen ein **Dreieck**,

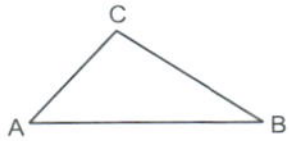

vier Punkte, von denen nicht mehr als zwei auf einer Geraden liegen, bestimmen ein **Viereck**.
Allgemein: n Punkte, von denen nicht mehr als zwei auf einer Geraden liegen, bilden ein **n-Eck**.

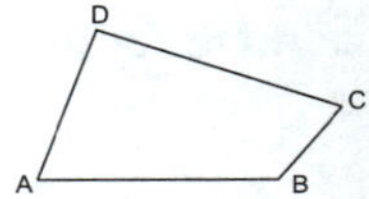

Zwei zueinander senkrechte Zahlengeraden bilden ein **rechtwinkliges (kartesisches) Koordinatensystem** mit dem **Urspung** O. Die Achsen werden als x-Achse (Abszissenachse) und y-Achse (Ordinatenachse) bezeichnet. Jeder Punkt P im Koordinatensystem ist durch zwei **Koordinaten** eindeutig bestimmt.

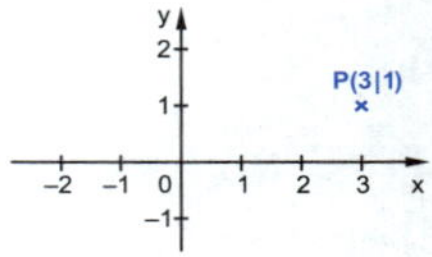

Beispiel In einem rechtwinkligen Koordinatensystem bestimmen die Punkte A(1 | 1), B(5 | 1) und C(5 | 4) ein Dreieck ABC.

1. Bestimme die Längen der Seiten sowie die Innenwinkel des Dreiecks ABC.
2. Ergänze das Dreieck ABC durch die Punkte D(4 | 6) und E(2 | 5) zu einem Fünfeck.
   Überlege dir, wie viele Diagonalen ein n-Eck besitzt, und bestimme damit die Anzahl der Diagonalen des Fünfecks.

Lösung:

1. Wird die Einheit in cm gemessen, so gilt:
   $\overline{AB} = 4\text{ cm}$, $\overline{BC} = 3\text{ cm}$, $\overline{AC} = 5\text{ cm}$
   Für die Winkel gilt auf Grad genau:
   $\alpha = 37°$, $\beta = 90°$, $\gamma = 53°$

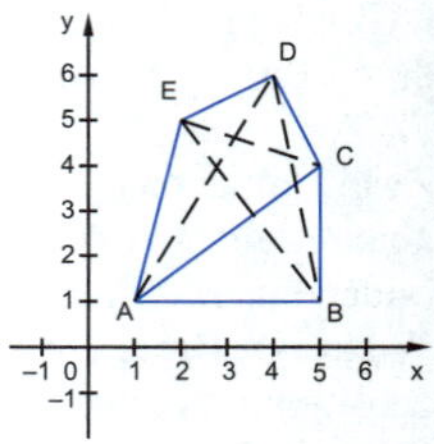

2. Von jedem der n Punkte gehen n – 3 Diagonalen aus. Dabei wird jede Diagonale doppelt gezählt, da z. B. die Diagonalen [AC] und [CA] übereinstimmen. Daher gibt es $\frac{n \cdot (n-3)}{2}$ Diagonalen, d. h. im Beispiel $\frac{5 \cdot 2}{2} = 5$ Diagonalen.

2 Winkel an Geradenkreuzungen, Dreiecken, Vierecken und Vielecken

In der Geometrie, die im Schulunterricht besprochen wird, gibt es leicht einsehbare geometrische Tatsachen, die nicht weiter begründet werden müssen. Sie heißen Fundamentalsätze oder **Axiome**. Sie sind die Voraussetzungen für den Aufbau der Geometrie und für die Begründung geometrischer **Lehrsätze**.
Die folgenden Winkelgesetze über Winkel an Geradenkreuzungen sind Axiome, die Winkelsummen in Dreieck und Vieleck lassen sich aus ihnen herleiten. Winkel werden in Grad gemessen. Es gilt:

1 Grad = 60 Minuten; 1 Minute = 60 Sekunden
$1° = 60'$ $1' = 60''$

Namen für Winkel α:

$0° < \alpha < 90°$: spitzer Winkel
$\alpha = 90°$: rechter Winkel

$90° < \alpha < 180°$: stumpfer Winkel
$\alpha = 180°$: gestreckter Winkel

$180° < \alpha < 360°$: überstumpfer Winkel
$\alpha = 360°$: Vollwinkel

Winkel an Geradenkreuzungen

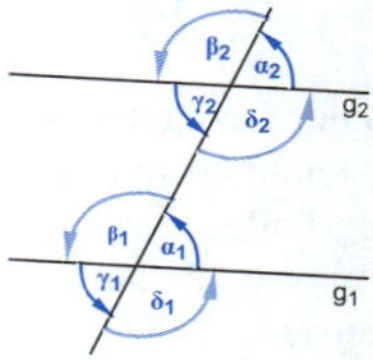

- **Nebenwinkel** (z. B. α_1 und β_1) ergänzen einander zu 180°.
  Scheitelwinkel (z. B. α_1 und γ_1) sind gleich groß.
- Geraden sind **senkrecht** zueinander, wenn sie einen 90°-Winkel miteinander bilden.
  Geraden sind **parallel** zueinander, wenn sie eine gemeinsame Lotgerade besitzen.
- Genau dann, wenn die Geraden g_1 und g_2 einer Geradenkreuzung **parallel** zueinander sind, gilt:
  Stufenwinkel (z. B. α_1 und α_2) sind gleich.
  Wechselwinkel (Z-Winkel) (z. B. α_1 und γ_2) sind gleich.
  Nachbarwinkel (E-Winkel) (z. B. α_1 und δ_2) ergänzen einander zu 180°.

Winkel in Drei-, Vier- und Vielecken

In Drei-, Vier- und Vielecken gilt:

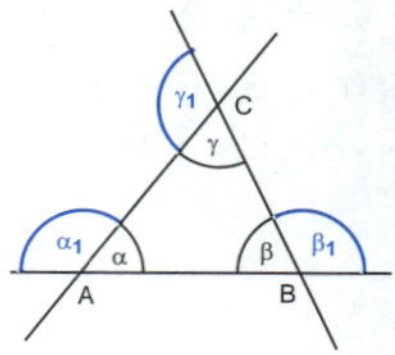

- Die **Innenwinkelsumme** in jedem **Dreieck** beträgt 180°.
- In jedem Dreieck ist jeder **Außenwinkel** so groß wie die Summe der nicht anliegenden Innenwinkel (z. B. $\alpha_1 = \beta + \gamma$). Die Summe der Außenwinkel beträgt in jedem Dreieck 360°, d. h. $\alpha_1 + \beta_1 + \gamma_1 = 360°$.
- Die Summe der Außenwinkel beträgt in jedem n-Eck 360°.
- Die **Innenwinkelsumme** in jedem **n-Eck** beträgt $(n-2) \cdot 180°$.
  Insbesondere gilt: Die Innenwinkelsumme im Viereck beträgt 360°.

Lot

Das **Lot** ist die kürzeste Verbindung eines Punktes $P \notin g$ mit einem Punkt $L \in g$. Die Länge des Lotes [PL] heißt der **Abstand** des Punktes P von der Geraden g. PL steht senkrecht auf g: $PL \perp g$.

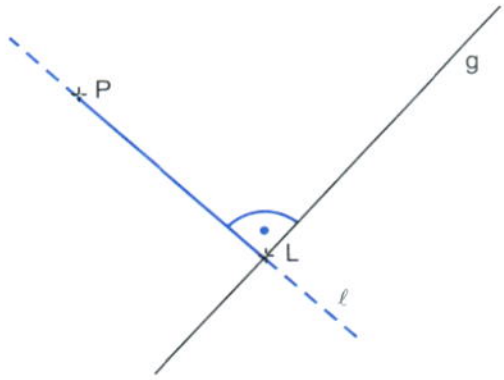

Beispiel

In der Skizze gilt: $g \parallel h$.
Berechne aus den angegebenen Winkelgrößen die Winkel α, β, γ, δ und ε mithilfe der Winkelgesetze.

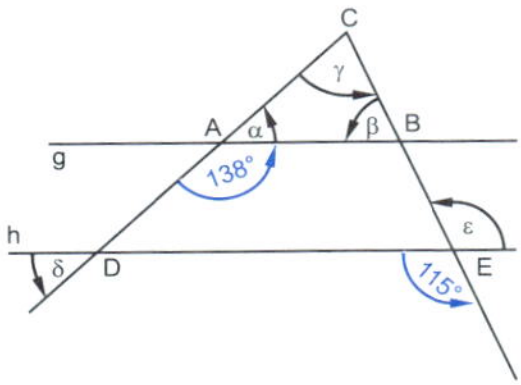

Lösung:
α ist der Nebenwinkel zum Winkel 138°.
$\Rightarrow \alpha = 180° - 138° = 42°$

β ist genauso groß wie der Nebenwinkel von ε, da beide Stufenwinkel sind. ε ist so groß wie sein Scheitelwinkel 115°.
$\Rightarrow \varepsilon = 115° \Rightarrow \beta = 180° - 115° = 65°$
γ errechnet sich über die Winkelsumme 180° im Dreieck ABC zu
$\gamma = 180° - \alpha - \beta = 180° - 42° - 65° = 73°$
δ ist der Scheitelwinkel zum Stufenwinkel von α, d. h.
$\delta = \alpha = 42°$

3 Symmetrie und Kongruenz geometrischer Figuren

Symmetrische Figuren haben bemerkenswerte Eigenschaften. Deshalb werden sie unter dem Aspekt der Kongruenzabbildungen genauer betrachtet. Dabei heißt eine geometrische Abbildung eine **Kongruenzabbildung**, wenn Figur und Bildfigur deckungsgleich zueinander sind, d. h. beim Aufeinanderlegen genau zur Deckung kommen. Als Einzelabbildungen werden im Folgenden Achsenspiegelung, Punktspiegelung, Verschiebung und Drehung betrachtet.

Achsenspiegelung

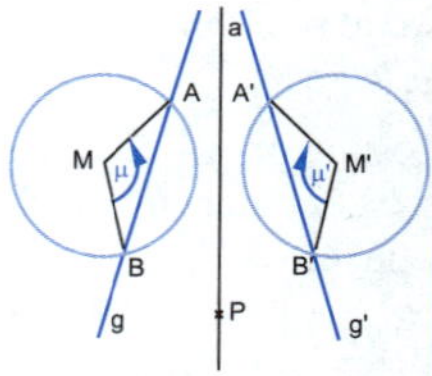

- Die Achsenspiegelung S_a ist eine **längentreue** und **gegensinnig winkeltreue** Kongruenzabbildung mit der Abbildungsvorschrift:
  Bei gegebener Achse a wird jedem Punkt P der Ebene ein Bildpunkt P' wie folgt zugeordnet:
  $P \notin a$: P' liegt so, dass die Verbindungsstrecke [PP'] von a rechtwinklig halbiert wird.
  $P \in a$: $P' = P$
- Geraden werden auf Geraden und Kreise auf Kreise mit gleichem Radius abgebildet. Symmetrische Geraden schneiden sich entweder auf der Symmetrieachse oder sind parallel zu ihr.
- Schneiden sich zwei geometrische Linien in einem Punkt P, dann schneiden sich die symmetrischen Linien im Bildpunkt P' von P.
- Achsenpunkte und nur diese sind von zueinander symmetrischen Punkten gleich weit entfernt.
- Die Achsenpunkte sind Fixpunkte der Achsenspiegelung, d. h. die Achse ist **Fixpunktgerade**, da jeder Punkt dieser Geraden auf sich selbst abgebildet wird. Alle Lotgeraden zur Achse werden auf sich selbst abgebildet, sind aber nur **Fixgeraden**, weil nicht jeder Punkt der Geraden auf sich selbst abgebildet wird.

Beispiel

Eine Gerade g schneidet einen Kreis k. Wie muss eine Symmetrieachse a zu dieser Figur aus Kreis und Gerade verlaufen und welche Punkte der Figur sind Fixpunkte?

Lösung:
Die Symmetrieachse a steht senkrecht auf der Geraden g und verläuft durch den Mittelpunkt M des Kreises.
Die Punkte P_1, P_2 und P_3 sind Fixpunkte der Figur.

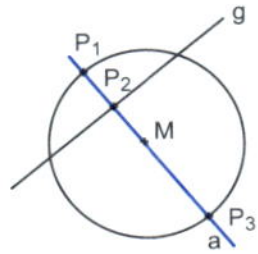

Punktspiegelung

- Die Punktspiegelung S_Z ist eine **gleichsinnige Kongruenzabbildung**, d. h. sie ist **längentreu** und **gleichsinnig winkeltreu** mit der Abbildungsvorschrift:
  Bei gegebenem Zentrum Z wird jedem Punkt P der Ebene ein Bildpunkt P' wie folgt zugeordnet:
  $P \neq Z:\ P' \in PZ \ \wedge\ \overline{P'Z} = \overline{PZ}$
  $P = Z:\ P' = P = Z$

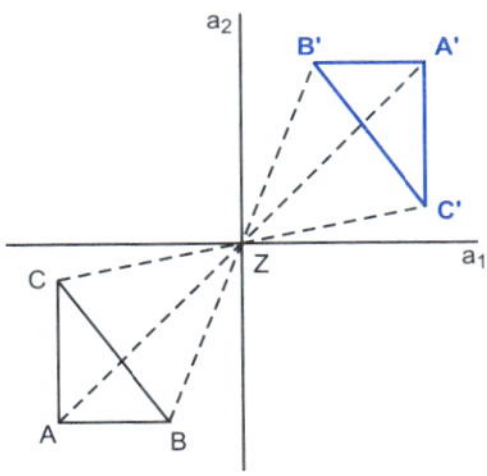

- Bei jeder Punktspiegelung S_Z sind Gerade und Bildgerade parallel zueinander. Geraden durch Z sind Fixgeraden; Z ist der einzige Fixpunkt.
- Jede Punktspiegelung entspricht einer Doppelspiegelung an zwei Achsen a_1 und a_2, die sich im Zentrum Z senkrecht schneiden:
  $S_Z = S_{a_2} \circ S_{a_1} \ \wedge\ a_1 \perp a_2$

Beispiel Eine Strecke [PQ] ist punktsymmetrisch zur Strecke [P'Q'].
Konstruiere das Zentrum Z der Punktspiegelung S_Z.
Zeichne dann zwei Spiegelachsen a_1 und a_2 so ein, dass $S_Z = S_{a_1} \circ S_{a_2}$ gilt.

Lösung:
Die Strecken [PQ] und [P'Q'] müssen parallel und gleich lang sein. Der Schnittpunkt der Verbindungsgeraden zusammengehöriger Paare Punkt und Bildpunkt schneiden sich in Z.
Die Achsen a_1 und a_2 stehen in Z senkrecht aufeinander.

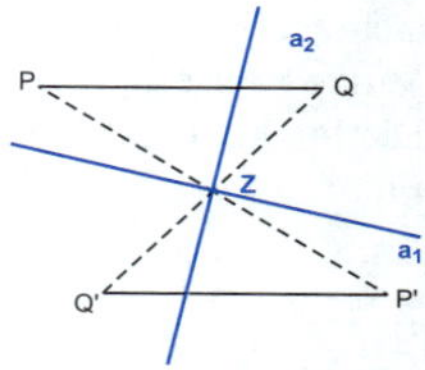

Verschiebung

- Die Verschiebung $V_{\vec{v}}$ ist eine **gleichsinnige Kongruenzabbildung**, d. h. sie ist **längentreu** und **gleichsinnig winkeltreu** mit folgender Abbildungsvorschrift:
  Der Verschiebungspfeil $\vec{v}$ (Verschiebungsvektor $\vec{v}$) führt vom Punkt zum Bildpunkt P', d. h. $\overrightarrow{PP'} = \vec{v}$. (Ein Verschiebungspfeil ist ein **Repräsentant** des Vektors.)
  Im Koordinatensystem gilt:
  $\vec{v} = \begin{pmatrix} v_1 \\ v_2 \end{pmatrix}$:
  Verschiebung um v_1 in x- und um v_2 in y-Richtung.

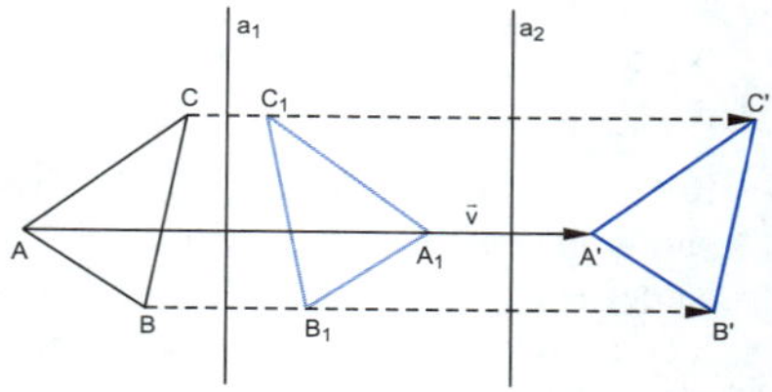

- Die Verschiebung hat keine Fixpunkte; Geraden parallel zum Verschiebungsvektor sind Fixgeraden.
- Jede Verschiebung entspricht einer Doppelspiegelung an zwei parallelen Achsen a_1 und a_2, die senkrecht auf dem Verschiebungspfeil stehen, ihr Abstand ist halb so groß wie der Verschiebungspfeil und dessen Richtung gibt die Abfolge der Achsen a_1 und a_2 an.

Beispiel

Das Dreieck ABC mit A(5 | 3), B(7 | 1) und C(8 | 6) soll so verschoben werden, dass B'(2 | 2) der Bildpunkt von B ist. Bestimme die Koordinaten des Verschiebungsvektors $\vec{v}$ und zeichne das Bilddreieck A'B'C'. Ersetze dann die Verschiebung so, dass $V_{\vec{v}} = S_{a_2} \circ S_{a_1}$ gilt.

Lösung:

$\vec{v} = \overrightarrow{BB'} = \begin{pmatrix} -5 \\ 1 \end{pmatrix}$; A'(0 | 4), B'(3 | 7)

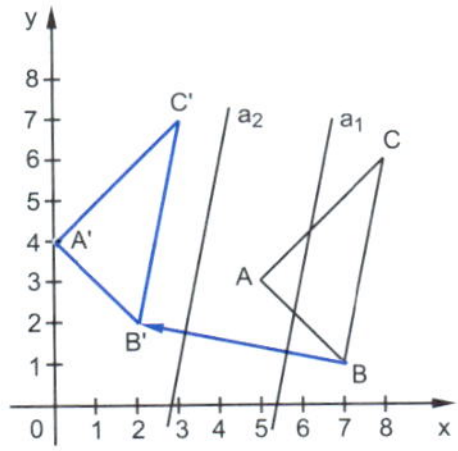

Die Achsen a_1 und a_2 stehen beliebig auf $\vec{v}$ senkrecht, haben einen Abstand, der halb so groß ist wie die Länge von $\vec{v}$, und die Richtung von a_1 nach a_2 ist die Richtung von $\vec{v}$.

Drehung

- Die Drehung $D_{Z;\,2\alpha}$ ist eine **gleichsinnige Kongruenzabbildung**, d. h. sie ist **längentreu und gleichsinnig winkeltreu** mit der folgenden Abbildungsvorschrift:
  Bei gegebenem Zentrum Z wird jedem Punkt P der Ebene ein Bildpunkt P' wie folgt zugeordnet:

  $P \neq Z$: $\overline{P'Z} = \overline{PZ}$
  $\wedge\ \sphericalangle PZP' = 2\alpha$

  $P = Z$: $P' = P = Z$

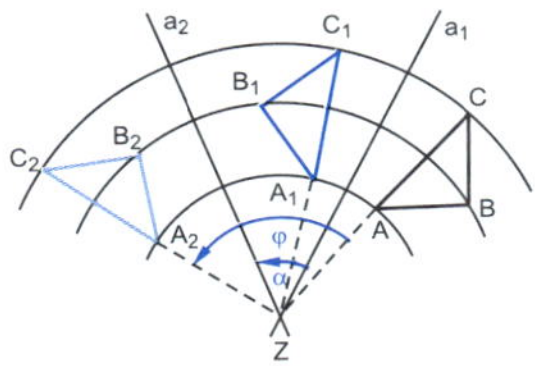

- Die Drehung hat keine Fixgeraden. Z ist der einzige Fixpunkt.
- Jede Drehung entspricht einer Doppelspiegelung an zwei Achsen a_1 und a_2, die sich im Zentrum Z unter dem Winkel α schneiden, der halb so groß ist wie der Drehwinkel $\varphi = 2\alpha$. Die Orientierung der Achsen ist die des Drehwinkels φ.

Beispiel Wähle eine Strecke [AB] mit $\overline{AB} = 2$ cm und ein beliebiges Zentrum Z. Bilde die Strecke [AB] auf die Bildstrecke [A'B'] durch eine Drehung um Z mit dem Drehwinkel $\varphi = 130°$ ab. Zeichne dann zwei Achsen a_1 und a_2 so ein, dass die Doppelspiegelung die Drehung ersetzt.

Lösung:
Die Achsen a_1 und a_2 schneiden sich in Z unter einem Winkel $\alpha = \frac{\varphi}{2} = 65°$.

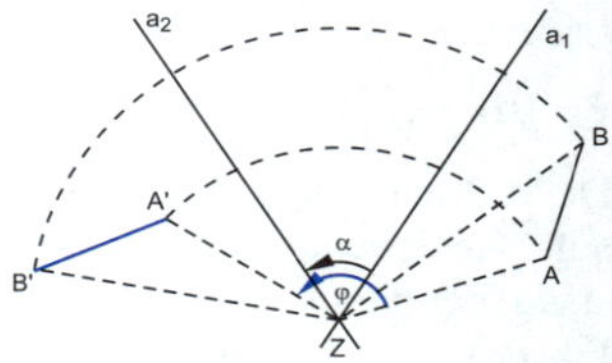

> **Beliebige Kongruenzabbildungen**
> Jede Kongruenzabbildung ist eine **Hintereinanderausführung (Verkettung)** von Achsenspiegelungen, Punktspiegelungen, Verschiebungen und Drehungen. Letztendlich gilt:
> - Jede **gleichsinnige Kongruenzabbildung** kann man durch **zwei Achsenspiegelungen** ersetzen.
> - Jede **ungleichsinnige** Kongruenzabbildung kann man durch **drei Achsenspiegelungen** ersetzen.

Beispiel Die parallelen Achsen a_1 und a_2 haben den Abstand 2 cm, die Achsen a_2 und a_3 einen Abstand von 3 cm in dieser Abfolge. Außerhalb von a_1 liegt ein Punkt P, der von a_1 einen Abstand von 1,5 cm besitzt.
Durch welche Achsenspiegelung S_a kann die Dreifachspiegelung $S_{a_3} \circ S_{a_2} \circ S_{a_1}$ des Punktes P ersetzt werden?

Lösung:
Die Achse a halbiert den Abstand von P und P''' und ist parallel zu den drei Achsen a_1, a_2 und a_3.
Im Beispiel gilt: $P'' \in a$

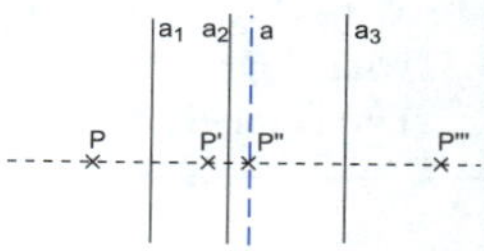

4 Grundkonstruktionen

Alle Konstruktionen der ebenen (Kongruenz-)Geometrie lassen sich mithilfe der folgenden Grundkonstruktionen ausführen. Diese Grundkonstruktionen beruhen auf den bisher kennen gelernten geometrischen Tatsachen und können nur mit Zirkel und Lineal ausgeführt werden.
Da das Bild zu einer Grundkonstruktion bereits ein Beispiel ist, wird auf weitere Beispiele verzichtet. Bei den Kurzbeschreibungen der Konstruktionen wird die Bezeichnung k(M; r) für einen Kreis mit dem Mittelpunkt M und dem Radius r verwendet.

4.1 Übertragung von Strecken und Winkeln

(1) Trage auf einer Geraden g vom Punkt P aus eine Strecke der Länge s ab.
Nimm die Länge s in den Zirkel und beschreibe um P einen Kreisbogen mit dem Radius s. Dieser schneidet die Gerade g in den gesuchten Punkten Q und R.

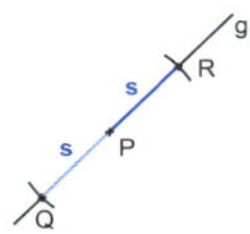

Kurzform:
$k(P; s) \cap g = \{Q; R\}$

(2) Konstruiere in einem Kreis eine Sehne der Länge s von einem Punkt P aus.
Beschreibe um den Punkt P einen Kreisbogen mit dem Radius s. Dieser schneidet den Kreis k(M; r) in den gesuchten Punkten Q und R.

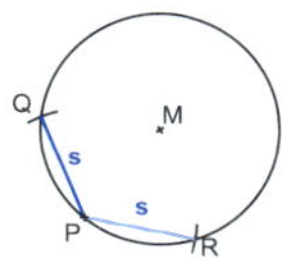

Kurzform:
$k(P; s) \cap k(M; r) = \{Q; R\}$

(3) Übertrage einen Winkel α so, dass ein Schenkel mit einer Halbgeraden [SP übereinstimmt.
Ein Kreis um A mit einem beliebigen Radius r schneidet aus dem Winkel eine Sehne der Länge $s = \overline{BC}$ aus.
Zeichne auch um S einen Kreis mit dem Radius r. Dieser schneidet die Halbgerade [SP im Punkt Q.
Konstruiere dann wie unter (2) von Q aus die Kreissehne mit der Länge s. Es sind zwei Lösungen möglich.

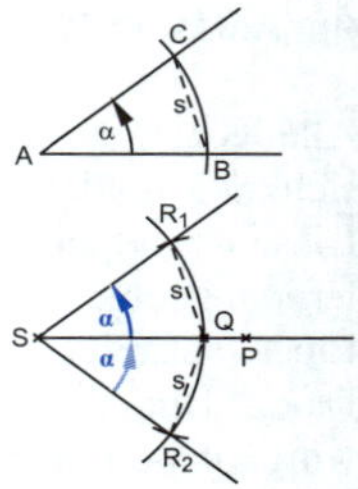

4.2 Konstruktion besonderer Linien

(1) Konstruiere zu einer Geraden g und einem Punkt $P \notin g$ die Parallele zu g durch P.
Zeichne eine beliebige Gerade h durch P, die g unter dem Winkel ε schneidet.
Der Winkel ε wird wie in 4.1 (3) übertragen.

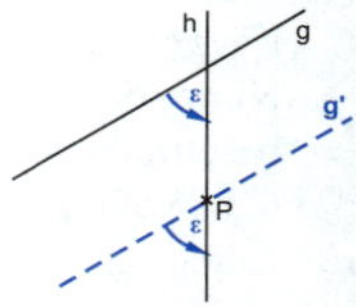

(2) Konstruiere zu einem Punkt P den Bildpunkt P' bezüglich der Spiegelachse a.
Wähle zwei beliebige Punkte A und B auf der Achse a.
Zeichne um die Punkte A und B Kreise, auf denen der Punkt P liegt. Diese Kreise schneiden sich auf der anderen Seite der Achse a wegen der symmetrischen Schnitte im gesuchten Bildpunkt P'.
Kurzform:
Zwei beliebige Punkte A, B ∈ a.
P' liegt 1. auf k(A; AP)
2. auf k(B; BP)

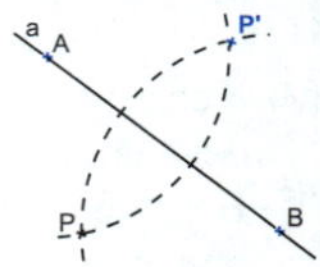

(3) Konstruiere zu zwei gegebenen Punkten P und Q die Symmetrieachse.

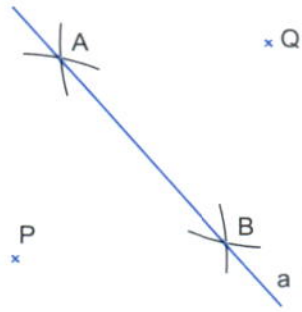

Zeichne um die Punkte P und Q Kreise mit gleichem Radien so, dass sich diese Kreise in zwei Punkten A und B schneiden. Die Verbindungsgerade a = AB ist die Symmetrieachse, da nur Achsenpunkte von den symmetrischen Punkten P und Q gleiche Entfernung besitzen.

Kurzform:

A und B liegen 1. auf k(P; r)
2. auf k(Q; r), wobei der Radius r beliebig, aber hinreichend groß ist.

a = AB

(4) Konstruiere das Lot (die Senkrechte) ℓ zu einer Geraden g in einem Punkt P ∈ g.

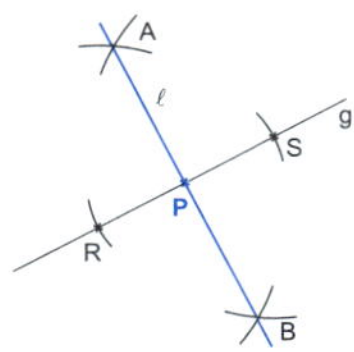

Zeichne einen beliebigen Kreis um den Punkt P, der die Gerade g in den Punkten R und S schneidet. Die Punkte R und S sind vom Punkt P gleich weit entfernt, d. h. der Punkt P ist der Mittelpunkt der Strecke [RS]. Wende auf die Punkte R und S die Konstruktion unter (3) an, d. h. zeichne um R und S Kreise mit gleichen Radien, die sich in A und B schneiden. Die Verbindungsgerade AB ist die gesuchte Lotgerade ℓ.

Kurzform:

R und S liegen 1. auf g
2. auf k(P; r), wobei r beliebig ist.

A und B wie in (3) bestimmen.

(5) Konstruiere das Lot (die Senkrechte) ℓ zu einer Geraden g in einem Punkt $P \notin g$.

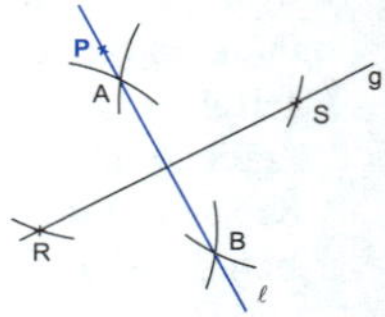

Zeichne um den Punkt P einen beliebigen Kreis so, dass er die Gerade g in den Punkten R und S schneidet. Die Punkte R und S sind von P gleich weit entfernt.

Wende auf die Punkte R und S die Konstruktion unter (3) an, d. h. zeichne um R und S Kreise mit gleichen Radien, die sich in den Punkten A und B schneiden. Die Verbindungsgerade AB ist die gesuchte Lotgerade ℓ, auf der auch der Punkt P liegt.

Kurzform:

R und S liegen 1. auf g

2. auf k(P; r), wobei r hinreichend groß, aber sonst beliebig ist.

A und B wie in (3) bestimmen.

(6) Konstruiere die Parallele p zu einer Geraden g durch einen Punkt $P \notin g$.

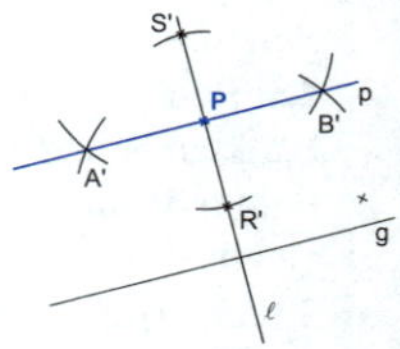

Wende die Konstruktion des Lotes ℓ zur Geraden g durch den Punkt P wie unter (5) an. Wende die Konstruktion wie unter (4) an, indem du das Lot p zur Geraden ℓ durch den Punkt P bestimmst. p ist die gesuchte Parallele zu g durch P, weil p und g das gemeinsame Lot ℓ besitzen.

Kurzform:

Lot ℓ zu g durch P wie in (5) bestimmen.

Lot g' = A'B' zu ℓ durch P wie in (4) bestimmen.

(7) Konstruiere die Winkelhalbierende (Symmetrieachse) w eines Winkels mit dem Scheitel S.

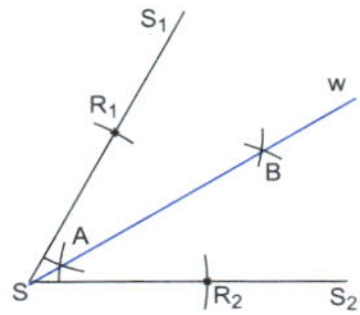

Zeichne einen beliebigen Kreis um den Scheitel S, der die Schenkel s_1, s_2 in den Punkten R_1 und R_2 schneidet. R_1 und R_2 sind symmetrische Punkte bezüglich w, S ist ein Punkt auf w.
Wende die Konstruktion wie unter (3) auf die Punkte R_1 und R_2 an, d. h. zeichne um R_1 und R_2 Kreise mit gleichen Radien, die sich in den Punkten A und B schneiden. Die Verbindungsgerade AB, auf der auch der Punkt S liegt, ist dann die Winkelhalbierende w.
Da S auf w liegen muss, genügt es, einen der Punkte A oder B zu bestimmen.
Kurzform:
R_1 und R_2 liegen 1. auf s_1 bzw. s_2
2. auf $k(S; r)$
$w = AB$ wie in (3) bestimmen.

4.3 Konstruktionen bei Kongruenzabbildungen

(1) Konstruiere das Bild P' des Punktes P bei der Punktspiegelung S_Z am Zentrum Z.

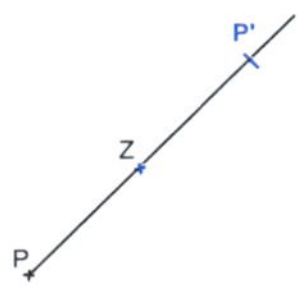

Man zeichnet die Gerade PZ. Der Kreis um Z mit dem Radius $\overline{PZ}$ schneidet die Gerade PZ (auf der anderen Seite von Z) im gesuchten Bildpunkt P'.
Kurzform:
$k(Z; \overline{ZP}) \cap PZ = \{P, P'\}$

(2) Konstruiere das Bild P' des Punktes P bei der Verschiebung $V_{\vec{v}}$.

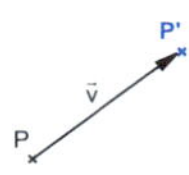

Den Anfangspunkt von $\vec{v}$ in den Punkt P legen. P' ist dann der Endpunkt von $\vec{v}$.

(3) Konstruiere das Bild P' des Punktes P bei der Drehung $D_{Z;\,2\alpha}$.
An [ZP den Winkel $\varphi = 2\alpha$ antragen.
Der Kreis um Z mit Radius $\overline{ZP}$ schneidet den Schenkel des Winkels φ im gesuchten Bildpunkt P'.

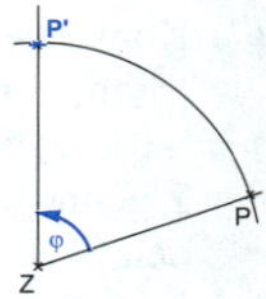

(4) Konstruiere einen 60°-Winkel mit dem Scheitel A.
Man wählt zum Punkt A einen beliebigen Punkt B. Über der Strecke [AB] wird ein gleichseitiges Dreieck errichtet, d. h. der Kreis um A mit dem Radius $\overline{AB}$ schneidet den Kreis um B mit dem gleichen Radius in einem Punkt C, der auf dem anderen Schenkel des 60°-Winkels liegt.

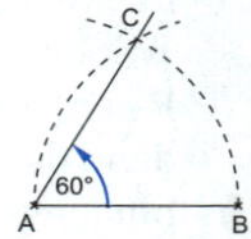

Kurzform:

$k(A; \overline{AB}) \cap k(B; \overline{AB}) = \{C\}$

5 Dreiecke

5.1 Sätze über Dreiecke

Dreiecke sind die Grundlage der ebenen Geometrie. Denn alle Figuren, die von geraden Linien begrenzt werden, lassen sich in Dreiecke zerlegen und so konstruktiv und rechnerisch erfassen.

Dreiecksungleichung

In jedem Dreieck ABC ist die Länge einer Seite stets größer als die Differenz, aber kleiner als die Summe der Längen der beiden anderen Seiten.

$|a-b| < c < a+b$

$|c-b| < a < c+b$

$|c-a| < b < c+a$

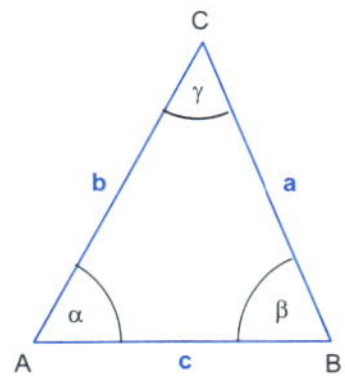

Satz vom gleichschenkligen Dreieck

Trifft für ein Dreieck **eine** der folgenden Aussagen zu, so gelten auch die beiden anderen.

- Das Dreieck ist gleichschenklig.
- Das Dreieck besitzt eine Symmetrieachse.
- Das Dreieck besitzt zwei gleich große Winkel.

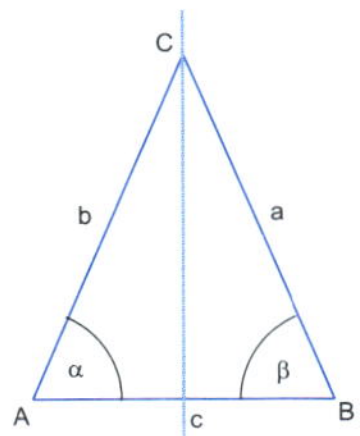

Bezeichnungen: In der gezeichneten Figur heißen α, β Basiswinkel, c Basis und a, b Schenkel des gleichschenkligen Dreiecks.

Sonderfall: Gleichseitiges Dreieck mit drei gleich langen Seiten, drei Symmetrieachsen und drei gleichen Winkeln (60°).

Satz von Thales

Für **rechtwinklige Dreiecke** gilt der **Satz des Thales:**

Ein Dreieck ABC hat genau dann bei C einen rechten Winkel, wenn die Ecke C auf dem Halbkreis über [AB] liegt.

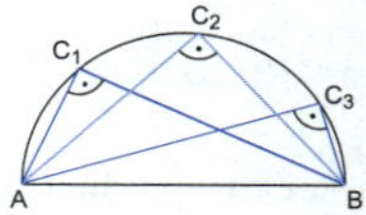

Sätze für beliebige Dreiecke

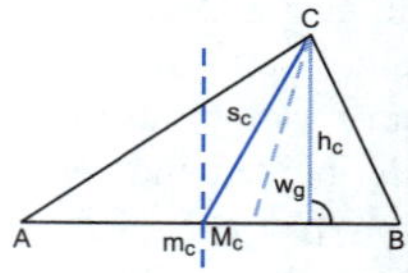

- In jedem Dreieck liegt der größeren Seite der größere Winkel gegenüber, insbesondere liegt der größten Seite der größte Winkel gegenüber.
- In jedem Dreieck schneiden sich die Mittelsenkrechten m_a, m_b, m_c der Dreieckseiten in einem Punkt M, dem Mittelpunkt des **Umkreises** des Dreiecks.
- In jedem Dreieck schneiden sich die Winkelhalbierenden w_α, w_β, w_γ der Innenwinkel in einem Punkt W, dem Mittelpunkt des **Inkreises** des Dreiecks.
- In jedem Dreieck schneiden sich die Seitenhalbierenden (Schwerlinien) s_a, s_b, s_c in einem Punkt S, dem **Schwerpunkt** des Dreiecks.
  Es gilt der **Satz vom Schwerpunkt**:
  Der Schwerpunkt teilt die Schwerlinien im Verhältnis 2 : 1, wobei das längere Stück jeweils zur Ecke hin liegt.
- In jedem Dreieck schneiden sich die Höhen h_a, h_b, h_c in einem Punkt H, dem **Höhenschnittpunkt** des Dreiecks.

Kongruenzsätze

- **Kongruenzsatz sss:** Dreiecke sind schon kongruent, wenn sie in den drei Seiten übereinstimmen.
- **Kongruenzsatz sws:** Dreiecke sind schon kongruent, wenn sie in zwei Seiten und dem Zwischenwinkel der beiden Seiten übereinstimmen.
- **Kongruenzsatz wsw (sww, wws):** Dreiecke sind schon kongruent, wenn sie in einer Seite und zwei gleichliegenden Winkeln übereinstimmen.
- **Kongruenzsatz ssw$_g$:** Dreiecke sind schon kongruent, wenn sie in zwei Seiten und dem Gegenwinkel der größeren der beiden Seiten übereinstimmen.

5.2 Dreieckskonstruktionen

Die Kongruenzsätze zeigen uns, dass ein Dreieck aus drei Stücken konstruierbar ist. Zur Konstruktion wird eine **Planfigur** gezeichnet, in der die gegebenen Stücke auffallend (am besten farbig) gekennzeichnet werden. In einer **Vorüberlegung** wird festgehalten, wie man nacheinander jeden Punkt der Figur erhält.
Die Punkte findet man im Allgemeinen als Schnitt zweier Linien. Eine solche Linie, die eine Bedingung der Figur erfüllt, heißt **geometrischer Ort** (oder **Punktemenge**) für den gesuchten Punkt. Wir verwenden die folgenden Punktemengen:

(1) Die Menge aller Punkte P, die von einem Punkt M die Entfernung (den Abstand) r besitzen, bilden den **Kreis (die Kreislinie) k(M; r)** mit dem Mittelpunkt M und dem Radius r.

$$k(M; r) = \{P \mid \overline{PM} = r\} = \{P \mid d(P; M) = r\}$$

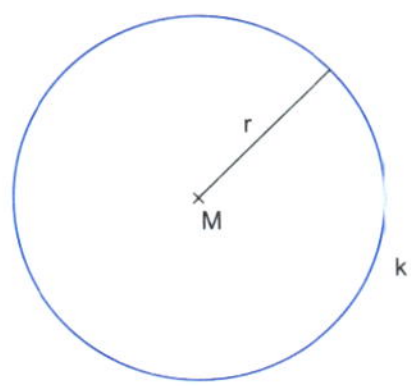

$k_i = \{P \mid \overline{PM} < r\}$: Kreisinneres
$k_a = \{P \mid \overline{PM} > r\}$: Kreisäußeres
$k_A = \{P \mid \overline{PM} \le r\}$: Kreisfläche

(2) Die Menge aller Punkte P, die von zwei Punkten A und B die gleiche Entfernung besitzen, bilden die **Symmetrieachse a** oder die **Mittelsenkrechte a** zur Strecke [AB].

$a = \{P \mid \overline{PA} = \overline{PB}\}$
$\;\; = \{P \mid d(P; A) = d(P; B)\}$,

wobei für den Abstand zweier Punkte A und B die Kurzbezeichnung $d(A;B) = \overline{AB}$ verwendet werden kann.

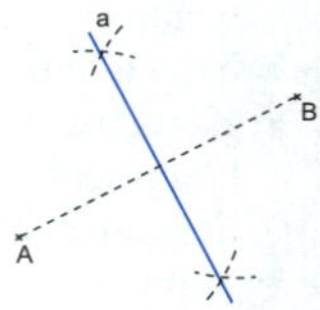

(3) Die Menge aller Punkte P, die von zwei sich schneidenden Geraden g_1 und g_2 gleichen Abstand besitzen, bilden die **Winkelhalbierenden w_1, w_2**

$w_1 \cup w_2 = \{P \mid d(P; g_1) = d(P; g_2)\}$

Die Winkelhalbierenden w_1, w_2 stehen senkrecht aufeinander.

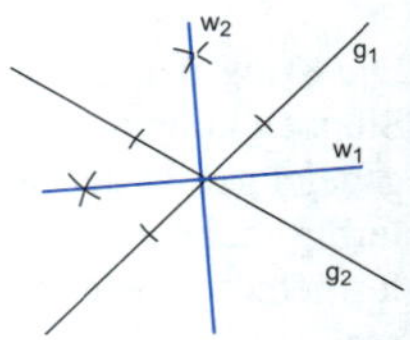

(4) Die Menge aller Punkte P, die von zwei parallelen Geraden g_1, g_2 gleichen Abstand besitzen, bildet die **Mittelparallele m**.

$m = \{P \mid d(P; g_1) = d(P; g_2)\}$

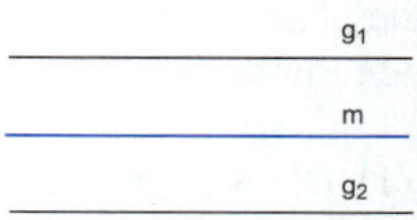

(5) Die Menge aller Punkte P, die von einer Geraden g den gleichen Abstand c besitzen, bildet das **Parallelenpaar p_1, p_2** zur Geraden g.

$p_1 \cup p_2 = \{P \mid d(P; g) = c\}$

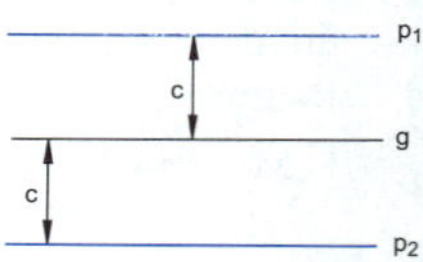

(6) Die Menge aller Punkte P, von denen aus die Strecke [AB] unter einem rechten Winkel (90°-Winkel) gesehen wird, bildet den **Thaleskreis über [AB]**. Von den Punkten innerhalb des Thaleskreises sieht man [AB] unter einem Winkel $\varphi > 90°$, von den Punkten außerhalb unter einem Winkel $\varphi < 90°$.

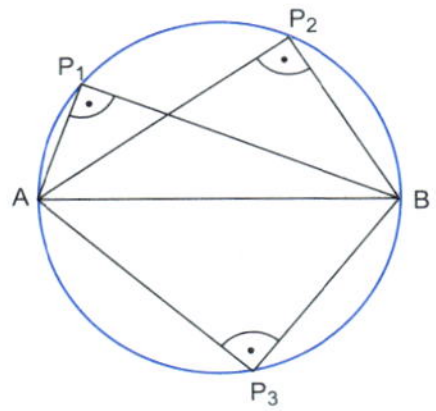

Beispiel

Konstruiere ein Dreieck ABC aus

1. $a = 3\text{ cm}$, $b = 2{,}8\text{ cm}$, $c = 3{,}4\text{ cm}$

Vorüberlegung:

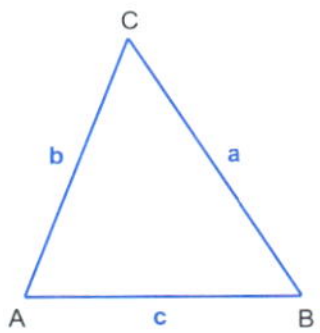

Durch c sind A und B gegeben.
C liegt 1. auf k(A; b)
2. auf k(B; a)

Konstruktion:

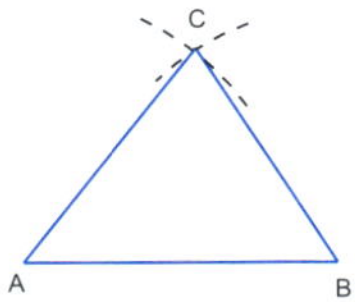

Die Konstruktion ist nach sss eindeutig.

2. $a = 3{,}4\text{ cm}$, $c = 3\text{ cm}$, $\beta = 50°$

Vorüberlegung:

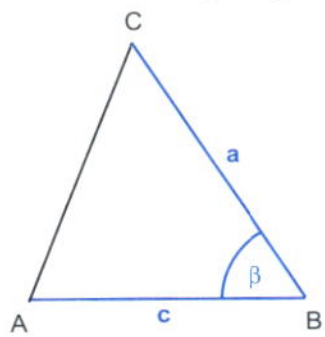

Durch c sind A und B gegeben.
C liegt 1. auf k(B; a)
2. auf β

Konstruktion:

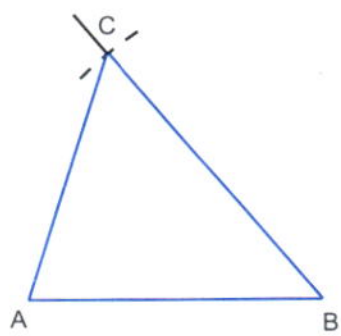

Die Konstruktion ist nach sws eindeutig.

3. $c = 5$ cm, $\alpha = 50°$, $\beta = 70°$

Vorüberlegung:

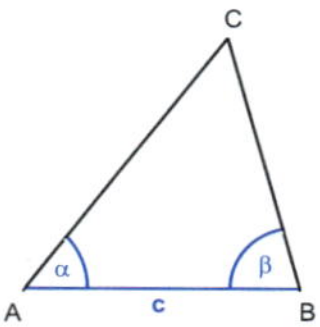

Durch c sind A und B gegeben.
C liegt 1. auf α
2. auf β

Konstruktion:

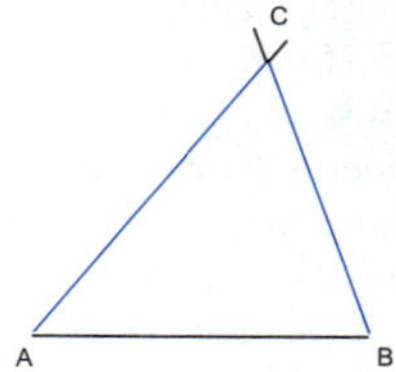

Die Konstruktion ist nach wsw eindeutig.

4. a) $a = 3$ cm, $b = 2{,}8$ cm, $\alpha = 50°$

Vorüberlegung:

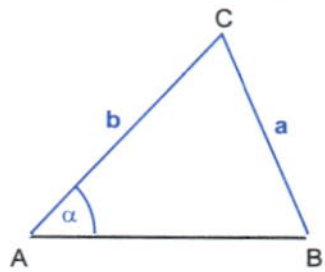

Durch b sind A und C gegeben.
B liegt 1. auf k(C; a)
2. auf α

Konstruktion:

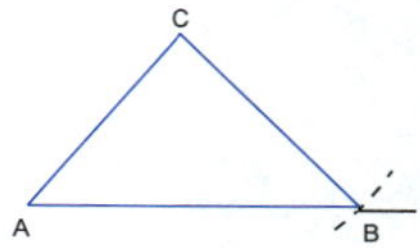

Die Konstruktion ist nach ssw_g eindeutig.

b) $a = 3{,}5$ cm, $b = 4$ cm, $\alpha = 50°$

Vorüberlegung:

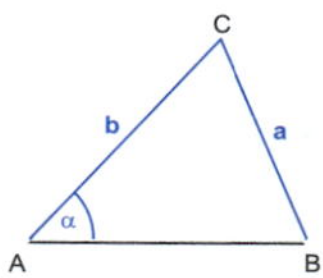

Es ergibt sich dieselbe Vorüberlegung wie im Beispiel 4 a.

Konstruktion:

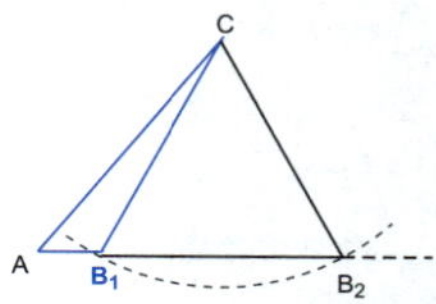

Es gibt zwei verschiedene Lösungen, da der der kleineren Seite gegenüberliegende Winkel gegeben ist.

5. $c = 5$ cm, $h_c = 1{,}8$ cm, $\gamma = 90°$

Vorüberlegung:

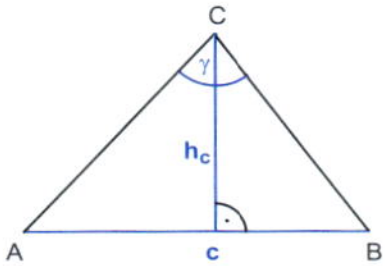

Durch c sind A und B gegeben.
C liegt 1. auf dem Thaleskreis über [AB]
2. auf der Parallelen zu AB im Abstand h_c

Konstruktion:

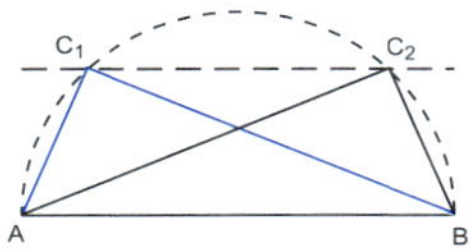

Es gibt zwei (symmetrische) Lösungen.

6. $a = 3$ cm, $w_\gamma = 3{,}2$ cm, $\gamma = 50°$

Vorüberlegung:

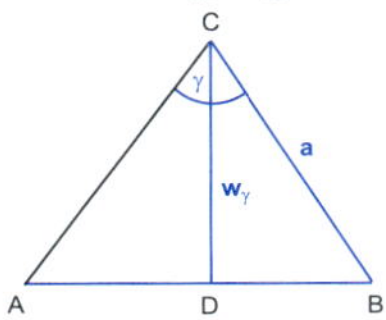

Durch a sind B und C gegeben.
D liegt 1. auf $\frac{\gamma}{2}$
2. auf $k(C; w_\gamma)$
A liegt 1. auf γ
2. auf BD

Konstruktion:

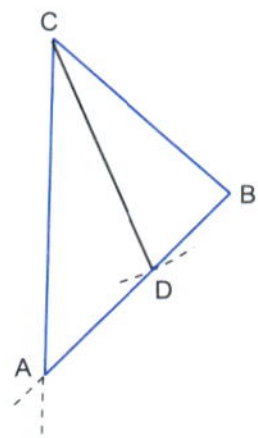

Die Lösung ist eindeutig.

7. $b = 3{,}8$ cm, $c = 4$ cm, $h_a = 3{,}5$ cm

Vorüberlegung:

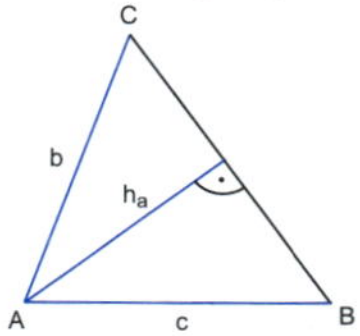

Durch c sind A und B gegeben.
D liegt 1. auf dem Thaleskreis über [AB]
2. auf $k(A; h_a)$
C liegt 1. auf $k(A; b)$
2. auf BD

Konstruktion:

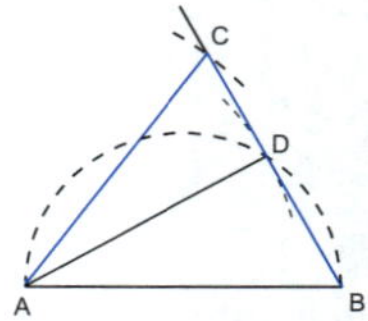

Die Lösung ist eindeutig.

8. $c = 3{,}5$ cm, $h_a = 3$ cm, $s_c = 2{,}8$ cm

Vorüberlegung:

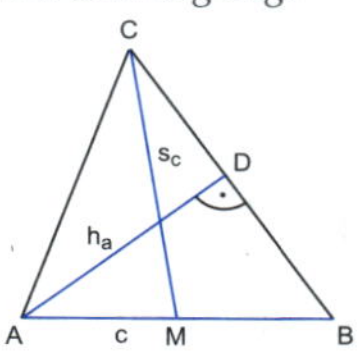

Durch c sind A und B gegeben.
D liegt 1. auf dem Thaleskreis über [AB]
2. auf $k(A; h_a)$

M ist der Mittelpunkt der Strecke [AB]
C liegt 1. auf $k(M; s_c)$
2. auf BD

Konstruktion:

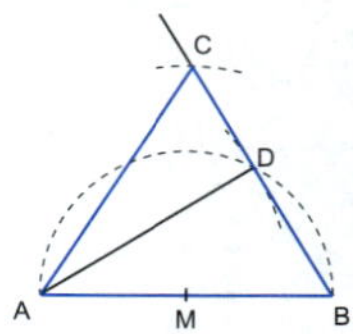

Die Lösung ist eindeutig.

6 Vierecke

Im Folgenden werden die wesentlichen Eigenschaften der Vierecke zusammengestellt.

6.1 Viereckskonstruktionen

Zur **Konstruktion eines allgemeinen Vierecks** benötigt man **fünf Angaben**. Vierecke werden über Teildreiecke konstruiert.

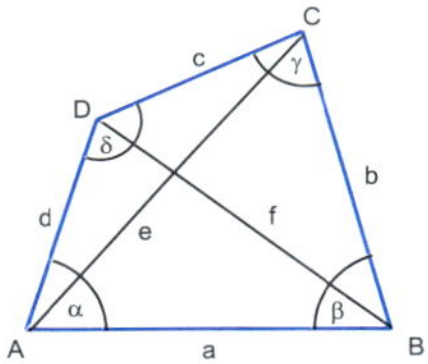

Beispiel

Konstruiere ein Viereck ABCD aus $a = 4$ cm, $e = 6$ cm, $f = 5$ cm, $\alpha = 80°$, $\beta = 120°$.

Vorüberlegung:

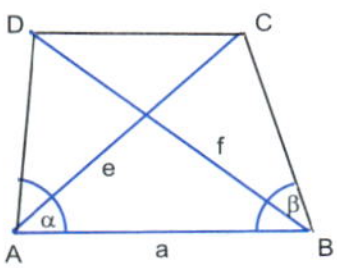

ΔABC nach ssw_g eindeutig konstruierbar.
D liegt 1. auf α
2. auf k(B; f)

Konstruktion:

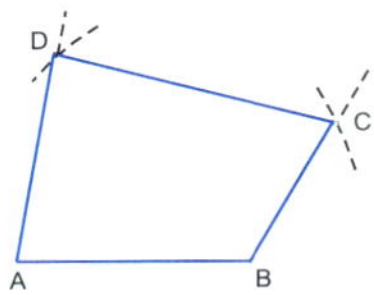

Die Lösung ist eindeutig.

6.2 Spezielle Vierecke

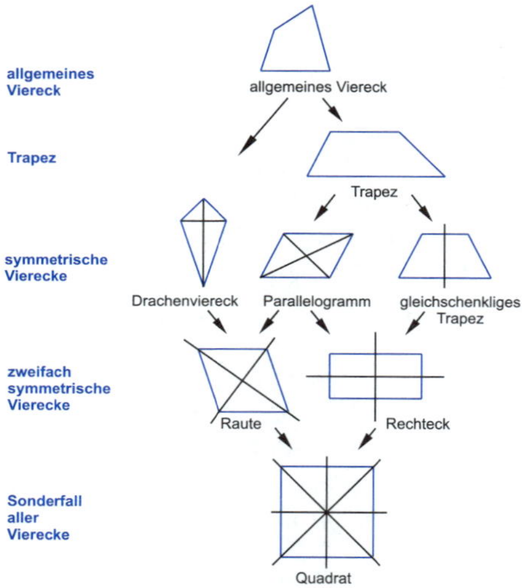

- Das **Trapez** hat zwei parallele Gegenseiten.
- Das **Drachenviereck** hat eine Diagonale als Symmetrieachse.
- Das **gleichschenklige Trapez** hat das Mittellot zu den parallelen Seiten als Symmetrieachse.
- Das **Parallelogramm** hat je zwei parallele Gegenseiten. Es ist punktsymmetrisch zum Schnittpunkt der Diagonalen.
- Die **Raute** hat die zwei Diagonalen als Symmetrieachsen. Sie ist punktsymmetrisch zum Schnittpunkt der Diagonalen.
- Das **Rechteck** hat die zwei Mittelsenkrechten zu den parallelen Seiten als Symmetrieachsen. Es ist punktsymmetrisch zum Schnittpunkt der Symmetrieachsen bzw. Diagonalen.
- Das **Quadrat** ist ein regelmäßiges Viereck. Es besitzt vier Symmetrieachsen (zwei Seitenlote und zwei Diagonalen) und ist punktsymmetrisch zum Schnittpunkt der Diagonalen bzw. der Symmetrieachsen.

Beispiel

Zeige durch die Angabe eines Gegenbeispiels, dass die folgenden Sätze falsche Aussagen darstellen.

a) Ein Viereck mit vier gleich langen Seiten ist ein Quadrat.
b) Ein Viereck mit vier gleich großen Winkeln ist ein Quadrat.
c) Ein Viereck mit gleich langen Diagonalen ist ein Rechteck.
d) Ein Viereck mit zueinander senkrechten Diagonalen ist eine Raute.

Lösung:

a) Gegenbeispiel: Raute
b) Gegenbeispiel: Rechteck
c) Gegenbeispiel: gleichschenkliges Trapez
d) Gegenbeispiel: Drachenviereck

7 Beziehungen am Kreis

Der **Kreis** wird als die einzige Figur der ebenen Elementargeometrie besprochen, die nicht von Geradenstücken begrenzt wird. Seine grundlegenden Eigenschaften sowie die Lage zu anderen geometrischen Figuren werden betrachtet.

7.1 Kreis und Tangente

Tangente, Sekante, Passante
Eine Gerade t durch den Punkt $P \in k(M; r)$ ist genau dann eine **Tangente**, wenn $t \perp MP$ gilt. Die Gerade s, die die Kreislinie in zwei Punkten schneidet, heißt **Sekante**, die Gerade p, die den Kreis weder berührt noch schneidet, heißt **Passante**.

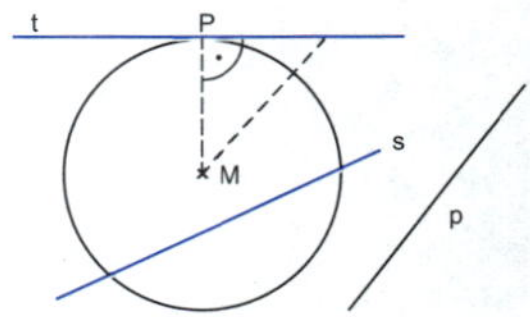

Beispiel In einem rechtwinkligen Koordinatensystem sind die Punkte A(1 | 5), B(5 | 0) und C(6 | 5) gegeben. Konstruiere den kleinsten Kreis k, der die Gerade g = AB berührt und durch den Punkt C geht. Konstruiere dann die zweite Tangente von A an den Kreis k.

Lösung:
M ist der Mittelpunkt der Lotstrecke von C auf g. Der Radius ist $r = \overline{MC}$. Das Lot von D auf AM schneidet den Kreis im Berührpunkt E der zweiten Tangente.

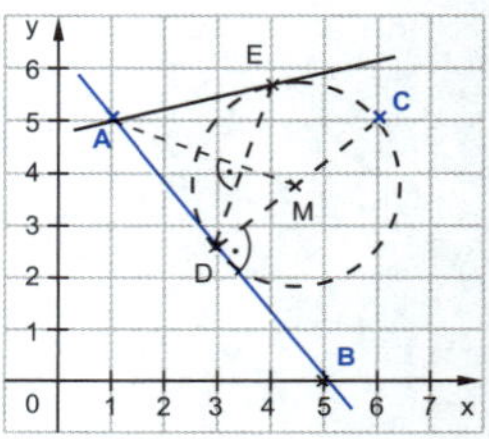

7.2 Kreis und Winkel

Satz vom Fasskreisbogenpaar
Die Menge aller Punkte, von denen aus eine Strecke [AB] unter einem Winkel φ erscheint, ist das Fasskreisbogenpaar zum Winkel φ über der Strecke [AB].

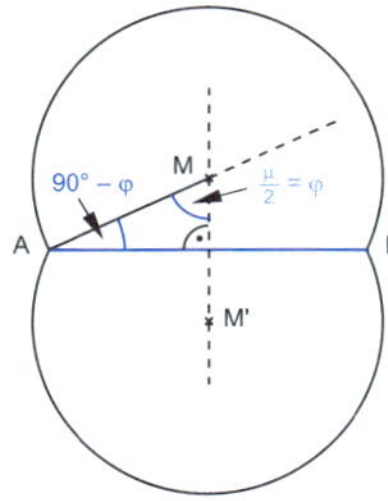

Umfangswinkelsatz
Die Umfangswinkel, die von demselben Fasskreisbogen umgeben werden, sind gleich groß, z. B. $\varphi_1 = \varphi_2 = \varphi_3 = \varphi$.
Ferner ist $\beta = 180° - \varphi$.

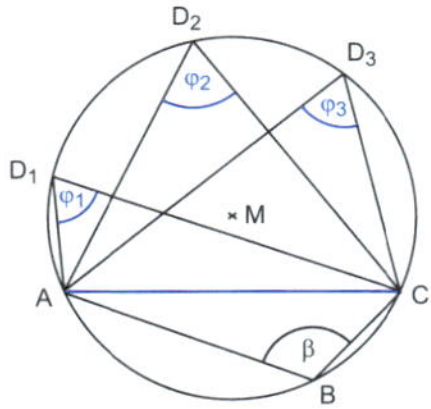

Satz vom Mittelpunktswinkel
Der Mittelpunktswinkel μ zu einer Sehne ist doppelt so groß wie der zum größeren Fasskreisbogen gehörende Umfangswinkel φ, d. h. $\mu = 2\varphi$.

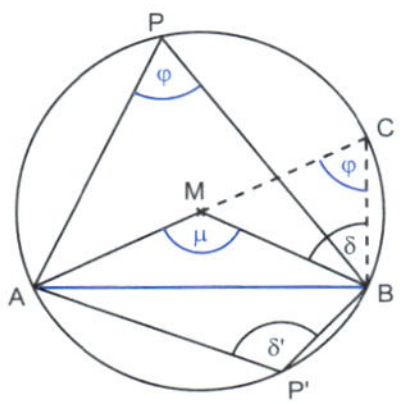

Sonderfall: Für $\mu = 180°$, d. h. wenn die Kreissehne Durchmesser ist, ergibt sich der Satz von Thales.

Beispiel 1. Berechne unter Verwendung der Sätze über Winkel im Kreis die Winkel α, β und γ in Abhängigkeit vom Winkel φ.

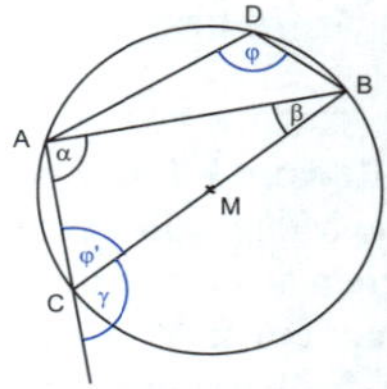

Lösung:

$\alpha = 90°$, weil der Kreis Thaleskreis über [BC] ist.

$\gamma = \varphi$, weil γ der Nebenwinkel zu einem Winkel φ' ist, der den Winkel φ zu 180° ergänzt, d. h.
$\gamma = 180° - \varphi'$ und $\varphi' = 180° - \varphi$

$$\beta = 90° - \varphi'$$
$$= 90° - (180° - \varphi)$$
$$= 90° - 180° + \varphi$$
$$= \varphi - 90°$$

2. Konstruiere das Fasskreisbogenpaar über der Strecke [AB] mit $\overline{AB} = 4$ cm und $\varphi = 80°$.

Lösung:

Symmetrieachse zu [AB] zeichnen und in A den Winkel $90° - \varphi = 10°$ antragen. Der Schnittpunkt M der Symmetrieachse mit dem Schenkel des Winkels 10° ist der Mittelpunkt des einen Fasskreisbogens. Der Mittelpunkt M' des zweiten Fasskreisbogens liegt symmetrisch zu M bezüglich der Strecke [AB].

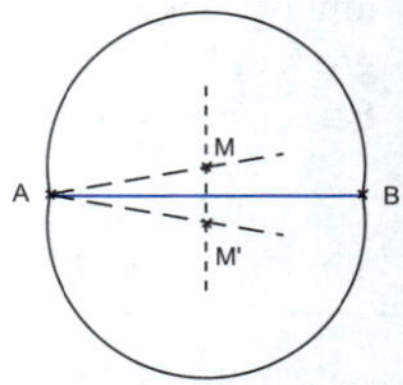

7.3 Kreisvierecke

Tangentenviereck
Ein Viereck mit Inkreis heißt Tangentenviereck. Im Tangentenviereck ist die Summe der Längen von je zwei Gegenseiten gleich groß, d. h. $a + c = b + d$.
Spezielle Tangentenvierecke:
Drachenviereck, Raute, Quadrat (alle diagonalsymmetrischen Vierecke).

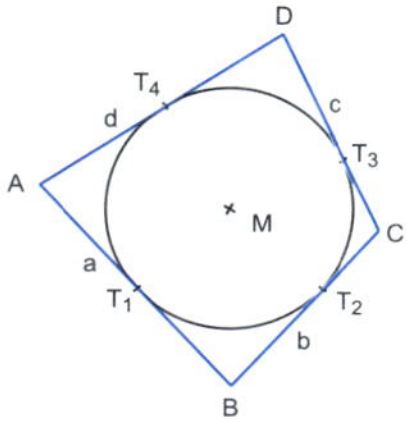

Sehnenviereck
Ein Viereck mit Umkreis heißt Sehnenviereck. Im Sehnenviereck ergibt die Summe von je zwei Gegenwinkeln 180°, d. h.
$\alpha + \gamma = \beta + \delta = 180°$.
Spezielle Sehnenvierecke:
gleichschenkliges Trapez, Rechteck, Quadrat (alle lotsymmetrischen Vierecke).

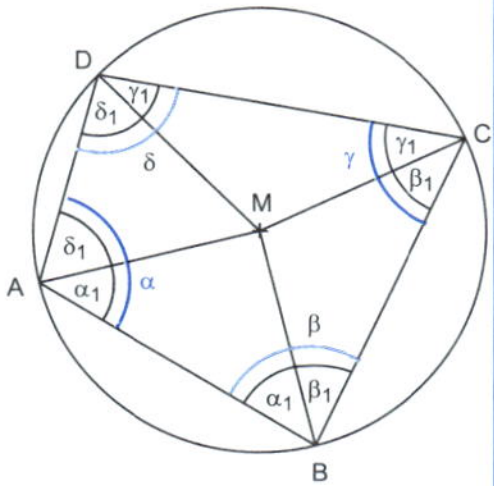

Anmerkungen: Reguläre Vielecke, d. h. Vielecke mit lauter gleich langen Seiten, haben sowohl einen Inkreis als auch einen Umkreis. Sie sind also Tangenten- und Sehnenvielecke.

Beispiel Konstruiere ein Sehnenviereck aus a = 4 cm, b = 3 cm, f = 5 cm, $\alpha = 112°$. Nenne dann spezielle Tangentenvierecke und spezielle Sehnenvierecke.

Vorüberlegung:

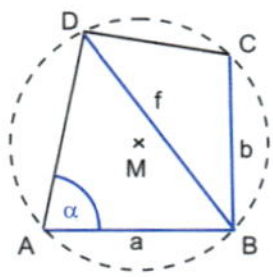

ΔABD ist nach $ssw_g(a; f; \alpha)$ eindeutig konstruierbar.

C liegt 1. auf k(B; b)

2. auf dem Umkreis (= Umkreis von ΔABD)

M ist der Schnittpunkt der Symmetrieachsen zu [AB] und [BD].

Konstruktion:

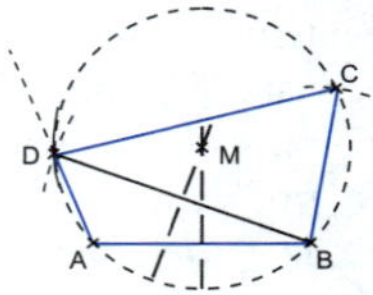

Die Lösung ist eindeutig.

Spezielle Tangentenvierecke:
Drachenviereck, Raute, Quadrat (alle diagonalsymmetrischen Vierecke).

Spezielle Sehnenvierecke:
gleichschenkliges Trapez, Rechteck, Quadrat (alle lotsymmetrischen Vierecke).

7.4 Gegenseitige Lagebeziehungen zweier Kreise zueinander

(1) $k_1 \cap k_2 = \{P_1, P_2\}$
Zwei Kreise haben zwei Schnittpunkte, wenn die Länge der **Zentrale $[M_1M_2]$**, d. h. der Verbindungsstrecke der beiden Mittelpunkte, größer als die Differenz und kleiner als die Summe der beiden Radien ist:

$$|r_1 - r_2| < \overline{M_1M_2} < r_1 + r_2$$

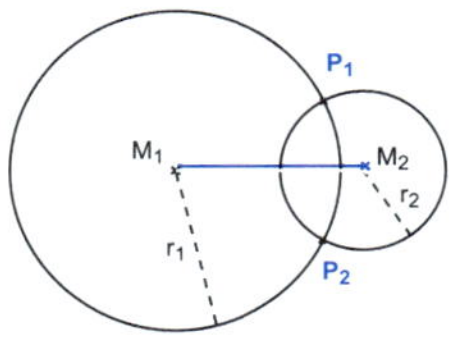

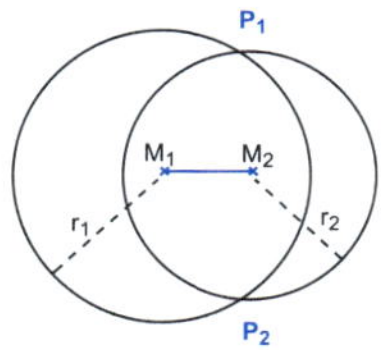

(2) $k_1 \cap k_2 = \{P\}$
Zwei Kreise berühren sich in einem Punkt, wenn die Länge der Zentrale gleich der Differenz oder gleich der Summe der beiden Radien ist.

$$|r_1 - r_2| = \overline{M_1M_2} = r_1 + r_2$$

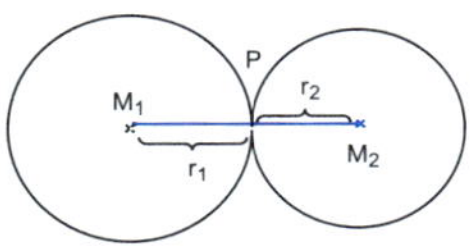

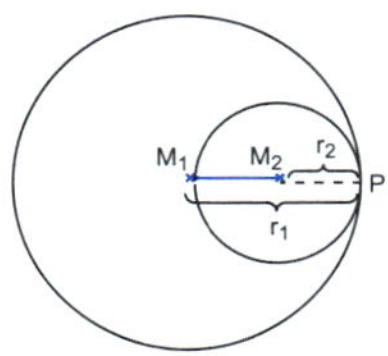

(3) $k_1 \cap k_2 = \{\ \}$

Zwei Kreise haben keinen gemeinsamen Punkt, wenn die Länge der Zentrale kleiner als die Differenz oder größer als die Summe der beiden Radien ist.

$\overline{M_1M_2} < |r_1 - r_2|$ oder $\overline{M_1M_2} > r_1 + r_2$

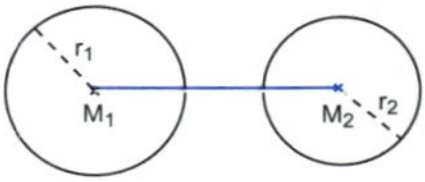

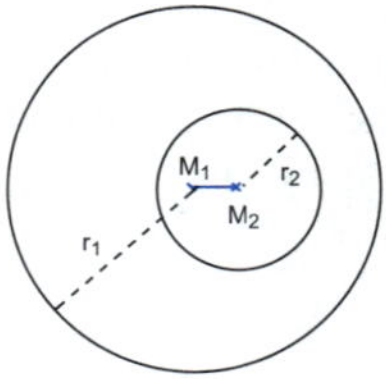

Beispiel Eine Gerade g hat vom Mittelpunkt M eines Kreises k mit dem Radius R = 2,2 cm den Abstand $d_{gM} = 0{,}8$ cm. Ein Kreis mit dem Durchmesser d = 2r soll sowohl die Gerade g als auch den Kreis k berühren. Welchen Wert muss d haben, damit es genau sieben verschiedene solcher Kreise gibt? Skizziere die Kreise in eine Zeichnung aus k und g.

Lösung:

Die Mittelpunkte aller Kreise mit dem Radius r = 0,5 d, die sowohl einen gegebenen Kreis k mit Radius R als auch eine Gerade g berühren, sind die Schnittpunkte der konzentrischen Kreise mit den Radien R + r und R – r mit den Parallelen zu g im Abstand r.

Wenn es nur sieben solche Punkte geben soll, muss ein konzentrischer Kreis eine Parallele berühren. Dieser Berührpunkt kann nur in dem Bereich zwischen der Gerade g und der Kreislinie liegen, der den Mittelpunkt M nicht enthält, d. h.

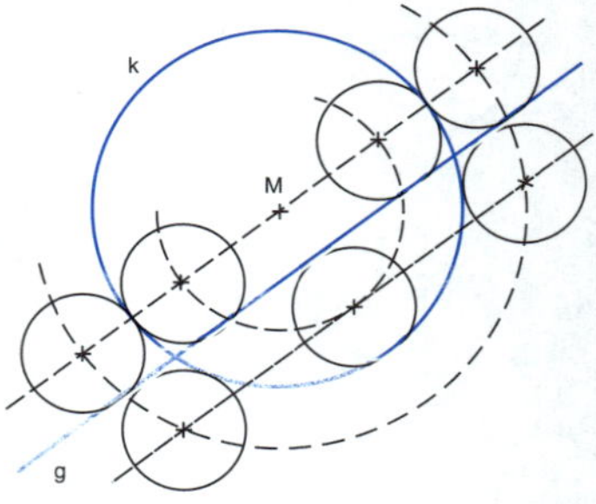

$d = R - d_{gM}$
$= 2{,}2 \text{ cm} - 0{,}8 \text{ cm}$
$= 1{,}4 \text{ cm}$

8 Beweisverfahren in der Geometrie

In der Geometrie werden Vermutungen über Eigenschaften von Figuren als Aussagen formuliert. Man unterscheidet **Definitionen**, in denen geometrischen Gebilden aufgrund besonderer Eigenschaften eigene Namen gegeben werden, **Axiome**, d. h. leicht einsichtige Eigenschaften, die nicht weiter begründet werden, und **Lehrsätze**, also Aussagen, die mithilfe von Definitionen, Axiomen und bereits bekannten Lehrsätzen als wahr oder falsch nachgewiesen werden.
Jeder mathematische (Lehr-)Satz enthält eine **Voraussetzung** und eine **Behauptung**. Man kann ihn in die „Wenn ..., dann ...“-Form bringen, in der der Wenn-Satz die Voraussetzung und der Dann-Satz die Behauptung enthält.
Zur Begründung eines Satzes dürfen alle Voraussetzungen, alle Axiome und alle bereits bewiesenen Lehrsätze sowie die Gesetze der Logik verwendet werden. In der Praxis wurde eine Reihe von Beweisverfahren entwickelt. Die drei wichtigsten werden kurz vorgestellt.

8.1 Kongruenzbeweis

Man zeichnet sich eine Beweisfigur und sucht in dieser (eventuell nach dem Einzeichnen von Hilfslinien) zwei Dreiecke, die die zu prüfenden Stücke enthalten und deren Kongruenz mithilfe der **Kongruenzsätze** nachgewiesen werden kann.

Beispiel

Die Basis eines gleichschenkligen Dreiecks ABC wird auf beiden Seiten um die gleiche Länge

$$x < \frac{\overline{AB}}{2}$$

verkürzt. Beweise, dass das entstehende Dreieck DEC auch gleichschenklig ist.

Lösung:

Voraussetzung:

1. Dreieck ABC ist gleichschenklig.
2. $\overline{AD} = \overline{EB} = x$

Behauptung:

$\overline{DC} = \overline{EC}$

Beweis:

$\Delta ADC \cong \Delta BEC$, weil

1. $\overline{AC} = \overline{BC}$ (nach Vorauss. gleichsch. Δ)
2. $\alpha = \beta$ (nach Vorauss. gleichsch. Δ)
3. $\overline{AD} = \overline{EB} = x$ (nach Vor. 2.)

---

sws-Satz $\Rightarrow$ $\overline{DC} = \overline{EC}$

Beweisfigur:

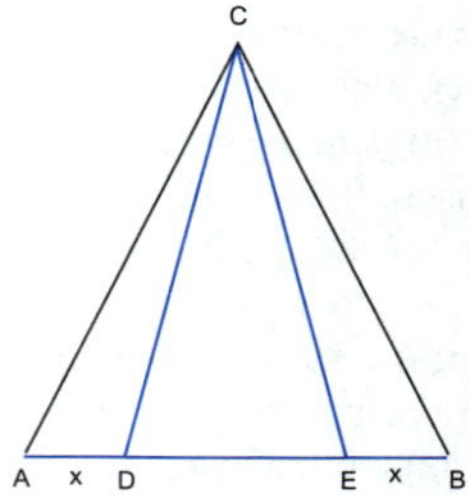

8.2 Direkter Beweis

Durch **Berechnung** oder **Angabe eines Gegenbeispiels** wird die Aussage direkt als wahr oder falsch nachgewiesen.

Beispiel Die Winkelhalbierenden zweier sich schneidender Geraden stehen senkrecht aufeinander.

Lösung:

Voraussetzung:

1. w_1, w_2 sind Winkelhalbierende
2. $\alpha + \beta = 180°$ (gestreckter Winkel)

Behauptung:

$w_1 \perp w_2$ $(\gamma = 90°)$

Beweis:

$\gamma = \frac{1}{2}\alpha + \frac{1}{2}\beta = \frac{1}{2}(\alpha + \beta)$

$= \frac{1}{2} \cdot 180° = 90°$

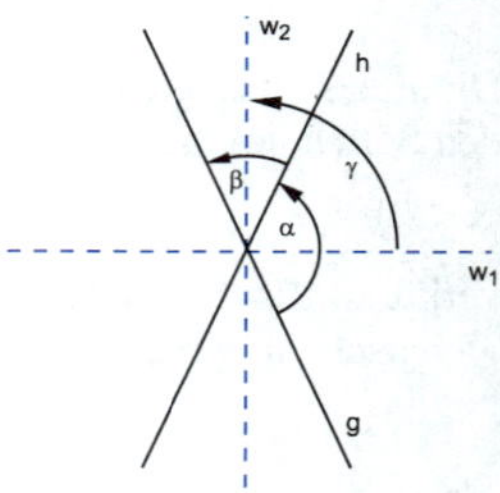

8.3 Indirekter Beweis

Von zwei Aussagen, bei denen eine die Verneinung der anderen ist, ist eine wahr, die andere ist falsch. Beim indirekten Beweis verneint man die Behauptung des Satzes und zeigt, dass diese Verneinung eine falsche Aussage darstellt. Dann muss die ursprüngliche Behauptung wahr gewesen sein.

Beispiel

Wenn ein Dreieck gleichschenklig ist, dann sind die Basiswinkel spitze Winkel.

Lösung:

Voraussetzung:

1. $\overline{AC} = \overline{BC}$
2. $\alpha = \beta$

Behauptung:

$\alpha < 90°, \beta < 90°$

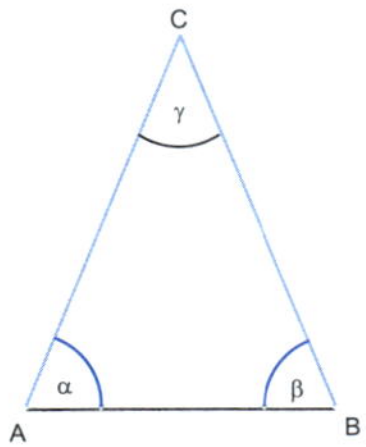

Beweis:

Man verneint die Behauptung, d. h. man nimmt an, dass $\alpha \geq 90°$ (und damit $\beta \geq 90°$) gilt.

Das führt aber zu einem Widerspruch zur Winkelsumme im Dreieck, da jetzt bereits $\alpha + \beta \geq 180°$, d. h. $\alpha + \beta + \gamma > 180°$ gelten würde. Die Verneinung der Behauptung ist falsch, also ist die ursprüngliche Behauptung eine wahre Aussage.

8.4 Satz und Kehrsatz

Vertauscht man in einem Satz Voraussetzung und Behauptung, dann erhält man den **Kehrsatz**.

Die Voraussetzung heißt für die Behauptung eine

- **hinreichende Bedingung**, wenn der Satz wahr ist,
- **notwendige Bedingung**, wenn der Kehrsatz wahr ist,
- **notwendige und hinreichende Bedingung**, wenn Satz und Kehrsatz wahr sind.

Beispiel *1. Satz:* Wenn in einem Dreieck die Summe zweier Winkel 70° beträgt, dann ist das Dreieck stumpfwinklig.
Kehrsatz: Wenn ein Dreieck stumpfwinklig ist, dann ist die Summe zweier Winkel 70°.

Der Satz ist wahr, der Kehrsatz ist falsch, d. h. die Voraussetzung „Winkelsumme 70°“ ist hinreichend aber nicht notwendig für die Behauptung „stumpfwinkliges Dreieck“.

2. Satz: Wenn zwei Geraden nicht parallel sind, dann stehen sie senkrecht aufeinander.
Kehrsatz: Wenn zwei Geraden senkrecht aufeinander stehen, dann sind sie nicht parallel.

Der Satz ist falsch, der Umkehrsatz ist wahr, d. h. die Voraussetzung „Geraden sind nicht parallel“ ist notwendig aber nicht hinreichend für die Behauptung „senkrechte Geraden“.

3. Satz: Wenn zwei Geraden parallel sind, dann besitzen alle Punkte der einen Geraden den gleichen Abstand zu der anderen Geraden.
Kehrsatz: Wenn bei zwei Geraden alle Punkte der einen Geraden den gleichen Abstand zu der jeweils anderen Geraden besitzen, dann sind die Geraden parallel.

Sowohl Satz als auch Kehrsatz sind wahr, d. h. die Voraussetzung „parallele Geraden“ ist für die Behauptung „gleicher Abstand“ notwendig und hinreichend.

9 Zentrische Streckung und Ähnlichkeit

Neben den Kongruenzabbildungen als längen- und winkeltreuen Abbildungen gibt es im täglichen Leben eine Reihe von Vorgängen, bei denen vergrößerte oder verkleinerte Bilder von Figuren hergestellt werden, so z. B. bei der Diaprojektion oder beim Fotografieren. Die Bilder stimmen mit der ursprünglichen Figur nur in der Gestalt überein. Solche Abbildungen, die Ähnlichkeitsabbildungen, sollen im Folgenden betrachtet werden.

9.1 Definition und Eigenschaften der zentrischen Streckung

Zentrische Streckung

Bei der zentrischen Streckung mit dem Streckzentrum Z und dem Streckfaktor m wird jedem Punkt P der Ebene ein Bildpunkt P' wie folgt zugeordnet:

- Z ist der einzige Fixpunkt der Abbildung, d. h. für $P = Z$ gilt: $P' = P$
- Falls $P \neq Z$: P und P' bestimmen eine Gerade durch Z mit $\overline{ZP'} = |m| \cdot \overline{ZP}$.
  Für $m > 0$ liegt das Zentrum Z außerhalb, für $m < 0$ innerhalb der Strecke [PP'].
  Bei $m = 1$ erhält man die identische Abbildung, d. h. jeder Punkt wird auf sich selbst abgebildet, bei $m = -1$ ergibt sich eine Punktspiegelung an Z.

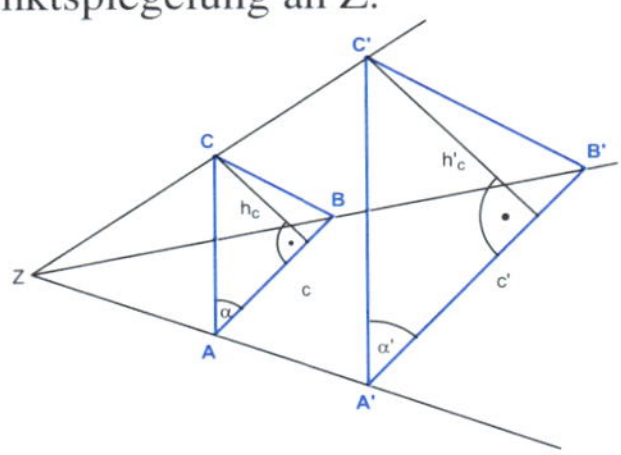

Bezeichnung: $S_{Z;m}$: $P \rightarrow P'$ bzw. $S(Z, m)$: $P \rightarrow P'$ bzw. $S(Z, m) = P'$

Eigenschaften der zentrischen Streckung

- Jede Strecke wird auf eine parallele Strecke abgebildet, die die $|m|$-fache Länge der ursprünglichen Strecke besitzt. Jede Gerade wird auf eine zu ihr parallele Gerade abgebildet.
- Die zentrische Streckung ist eine gleichsinnig winkeltreue Abbildung.
- Sie ist eine verhältnistreue Abbildung, d. h. das Verhältnis der Streckenlängen zueinander bleibt erhalten.
- Sie bildet eine Figur auf eine Figur mit der m^2-fachen Fläche ab.
- Sie wird durch eine zentrische Streckung $S_{Z; \frac{1}{m}}$ rückgängig gemacht.

Beispiel 1. Konstruiere den Bildpunkt P' des Punktes P bei der zentrischen Streckung $S_{Z; m}$ mit $m = \frac{a}{b}$.

Lösung:

$m > 0$:

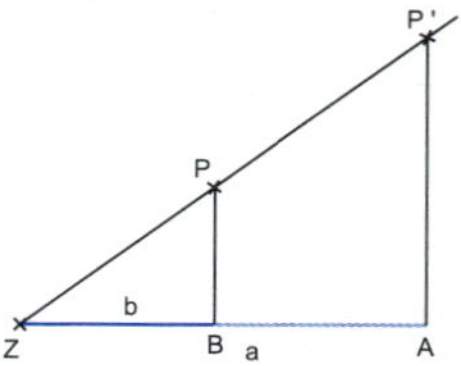

Vom Zentrum Z aus sind die Strecken $a = \overline{ZA}$ und $b = \overline{ZB}$ nach gleichen Seiten abgetragen. Man zeichnet die Gerade ZP. Dann gilt: Die Parallele zu [PB] durch A schneidet ZP in P'.

$m < 0$:

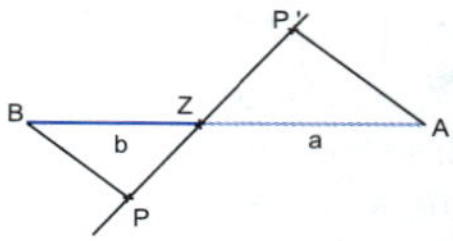

Vom Zentrum Z aus sind die Strecken $a = \overline{ZA}$ und $b = \overline{ZB}$ nach unterschiedlichen Seiten abgetragen. Man zeichnet die Gerade ZP. Dann gilt: Die Parallele zu [PB] durch A schneidet ZP in P'.

2. Bestimme das Zentrum Z einer zentrischen Streckung $S_{Z;\,m}$: $P \rightarrow P'$ mit $m = \frac{a}{b}$.

Lösung:

Man trägt in P' die Strecke a nach beiden Seiten, in P die Strecke b parallel zu a nach einer Seite ab. Die Verbindungen der Eckpunkte der jeweiligen Strecken schneiden die Gerade PP' in den Streckungszentren Z_a (für $m > 0$) und Z_i (für $m < 0$).

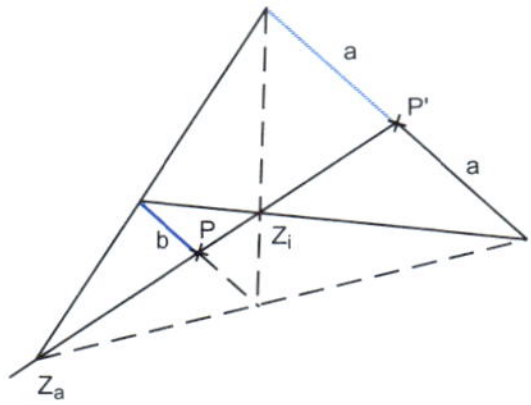

3. In einem rechtwinkligen Koordinatensystem sind die Punkte Z(0 | 0), A(5 | 1) und B(4 | 3) gegeben.
   a) Konstruiere die Bildpunkte A' und B' bei einer zentrischen Streckung $S_{Z;\,\frac{7}{5}}$.
   b) Berechne aus $\overline{ZB} = 5$ cm die Länge der Strecke [BB'].
   c) In welchem Verhältnis stehen die Flächeninhalte der Dreiecke ZA'B' und ZAB zueinander?

Lösung:

a) Zur Konstruktion der Bildpunkte A' und B' nutzt man die Unterteilung auf den Achsen aus.

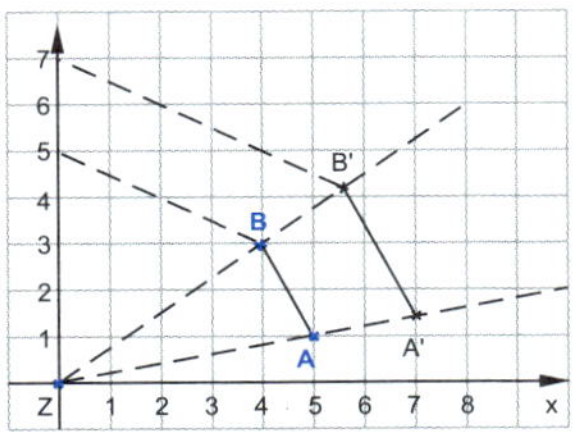

b) $\overline{ZB'} = \frac{7}{5} \cdot \overline{ZB} = 7 \text{ cm} \Rightarrow \overline{BB'} = \overline{ZB'} - \overline{ZB} = 2 \text{ cm}$

c) Wegen $m = \frac{7}{5}$ gilt:

$$A_{\Delta ZA'B'} = \frac{49}{25} \cdot A_{\Delta ZAB} \Rightarrow \frac{A_{\Delta ZA'B'}}{A_{\Delta ZAB}} = \frac{49}{25}$$

9.2 Vektoren und S-Multiplikation

Vektor
Die Menge aller parallelen, gleich langen und gleich gerichteten (parallelgleichen) (Verschiebungs-) Pfeile stellt einen Vektor $\vec{v}$ dar. Ein Repräsentant des Vektors kann auch durch zwei Punkte dargestellt werden: $\vec{v} = \overrightarrow{AB}$.

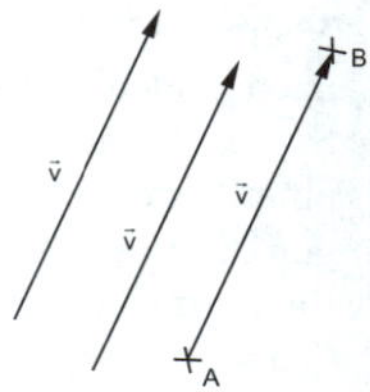

Im Koordinatensystem kann man den Vektor $\vec{v}$ in der Form $\vec{v} = \begin{pmatrix} v_1 \\ v_2 \end{pmatrix}$ darstellen.

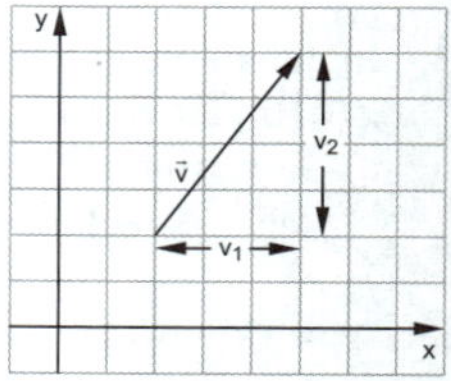

Für die Addition von Vektoren gilt:
$\vec{v} = \vec{a} + \vec{b}$ (siehe Skizze) bzw.
$\vec{v} = \begin{pmatrix} a_1 \\ a_2 \end{pmatrix} + \begin{pmatrix} b_1 \\ b_2 \end{pmatrix} = \begin{pmatrix} a_1 + b_1 \\ a_2 + b_2 \end{pmatrix}$

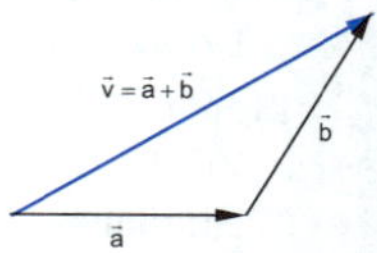

Vektoren werden subtrahiert, indem man den **Gegenvektor** addiert, d. h. $\vec{v} = \vec{a} - \vec{b} = \vec{a} + (-\vec{b})$. Der Gegenvektor $-\vec{b}$ zu $\vec{b}$ ist gleich lang wie $\vec{b}$ und parallel zu $\vec{b}$, aber entgegengesetzt gerichtet.
Der **Nullvektor** $\vec{0}$ hat keine Länge und keine Richtung.
Jede zentrische Streckung $S_{Z;\,m}$ bildet einen Vektor $\vec{v}$ wieder auf einen Vektor $\vec{v}\,'$ ab, für den gilt: $\vec{v}\,' = m \cdot \vec{v}$.
Für $m > 0$: $\vec{v}\,'$ hat die gleiche Richtung wie $\vec{v}$ und die m-fache Länge.
Für $m < 0$: $\vec{v}\,'$ hat die umgekehrte Richtung wie $\vec{v}$ und die $|m|$-fache Länge.

Die durch die zentrische Streckung erzeugte Multiplikation eines Vektors mit einer Zahl (Skalar) wird auch **S-Multiplikation** genannt. Für sie gelten die folgenden Gesetze:

Gesetze der S-Multiplikation

1. Distributivgesetz: $\mathbf{m \cdot (\vec{v}_1 + \vec{v}_2) = m \cdot \vec{v}_1 + m \cdot \vec{v}_2}$

2. Distributivgesetz: $\mathbf{(m + n) \cdot \vec{v} = m \cdot \vec{v} + n \cdot \vec{v}}$

gemischtes Assoziativgesetz: $\mathbf{m \cdot (n \cdot \vec{v}) = (m \cdot n) \cdot \vec{v}}$

unitäres Gesetz: $\mathbf{1 \cdot \vec{v} = \vec{v}}$

Für die S-Multiplikation in Koordinaten gilt:

$$m \cdot \vec{v} = m \cdot \begin{pmatrix} v_1 \\ v_2 \end{pmatrix} = \begin{pmatrix} m \cdot v_1 \\ m \cdot v_2 \end{pmatrix}$$

Beispiel

1. $\vec{a} = \begin{pmatrix} 4 \\ 1 \end{pmatrix}, \vec{b} = \begin{pmatrix} -1 \\ 3 \end{pmatrix}, \vec{c} = \begin{pmatrix} 4 \\ -6 \end{pmatrix}$

   Berechne den Vektor $\vec{x} = -2\vec{a} + 3\vec{b} + \frac{3}{2}\vec{c}$

   Lösung:

   $$\vec{x} = -2 \cdot \begin{pmatrix} 4 \\ 1 \end{pmatrix} + 3 \cdot \begin{pmatrix} -1 \\ 3 \end{pmatrix} + \frac{3}{2} \cdot \begin{pmatrix} 4 \\ -6 \end{pmatrix} = \begin{pmatrix} -8 \\ -2 \end{pmatrix} + \begin{pmatrix} -3 \\ 9 \end{pmatrix} + \begin{pmatrix} 6 \\ -9 \end{pmatrix} = \begin{pmatrix} -5 \\ -2 \end{pmatrix}$$

2. Bestimme die Koordinaten des Vektors $\vec{x} = 3 \cdot \vec{v}$ mit $\vec{v} = \overrightarrow{AB}$ und $A(1\,|\,0)$, $B(0\,|\,2)$ durch zentrische Streckung von $Z(0\,|\,0)$ aus durch Berechnung und durch Konstruktion.

   Lösung:

   Rechnung:

   $$\vec{v} = \overrightarrow{AB} = \begin{pmatrix} 0 \\ 2 \end{pmatrix} - \begin{pmatrix} 1 \\ 0 \end{pmatrix} = \begin{pmatrix} -1 \\ 2 \end{pmatrix}$$

   $$\vec{x} = 3 \cdot \vec{v} = 3 \cdot \begin{pmatrix} -1 \\ 2 \end{pmatrix} = \begin{pmatrix} -3 \\ 6 \end{pmatrix}$$

   Konstruktion:

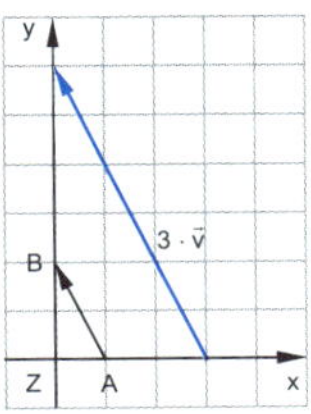

9.3 Ähnlichkeit

Ähnliche Figuren
Die Figuren F_1 und F_2 heißen **ähnliche Figuren ($F_1 \sim F_2$)** wenn sie durch zentrische Streckungen und Kongruenzabbildungen auseinander hervorgehen.
In ähnlichen Figuren sind entsprechende Winkel kongruent und entsprechende Strecken stehen im gleichen Verhältnis zueinander.

Beispiel Das Parallelogramm ABCD (Figur F_1) wird wie in der folgenden Zeichnung zuerst mit dem Vektor $\vec{v}$ verschoben, dann an der Achse $a = P_1P_2$ gespiegelt und dann vom Zentrum Z aus mit dem Faktor m gestreckt. Es entsteht das Parallelogramm A*B*C*D* (Figur F_2).

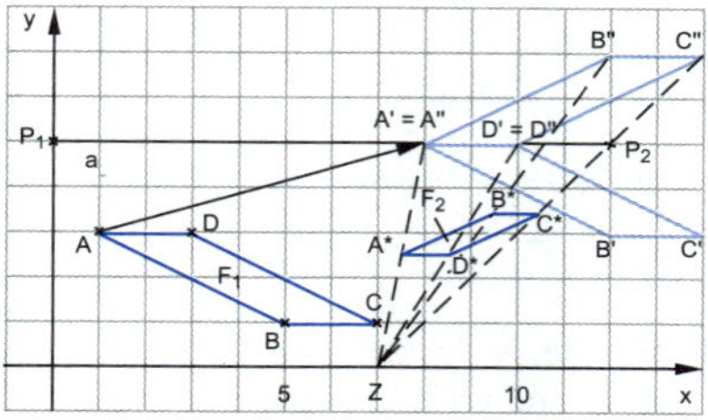

Für die Ähnlichkeitsabbildung Ä gilt: $Ä = S_{Z;\,m} \circ S_a \circ V_{\vec{v}}$.

Ähnlichkeitsmerkmale für Dreiecke

Dreiecke sind bereits ähnlich, wenn

- entsprechende Seiten im gleichen Verhältnis stehen,
- sie im Verhältnis zweier Seiten und im Zwischenwinkel übereinstimmen,
- sie in zwei Winkeln übereinstimmen,
- sie im Verhältnis zweier gleich liegender Seiten und im Gegenwinkel der größeren der beiden Seiten übereinstimmen.

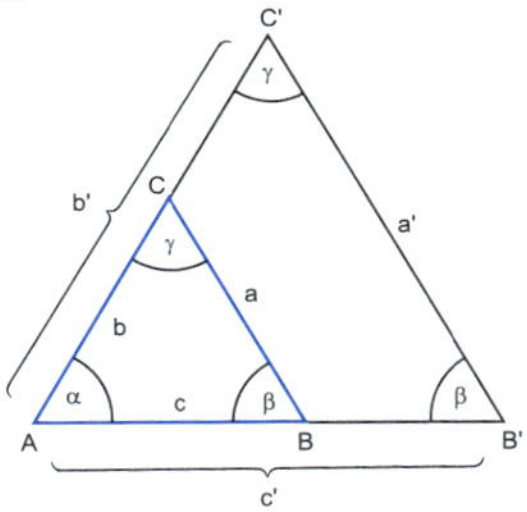

Beispiel

Ein Turm der Höhe h wirft einen Schatten von 42,6 m, ein lotrechter Stab von 1 m Länge wirft einen Schatten von 0,6 m. Wie hoch ist der Turm?

Lösung:

Es gilt:
$\Delta ABC \sim \Delta A'B'C'$
(Übereinstimmung von zwei Winkeln) $\Rightarrow$
Seiten stehen im gleichen Verhältnis,
d. h. es gilt:

$\frac{h}{42{,}6} = \frac{1}{0{,}6} \Rightarrow h = 71\text{ m}$

$\Rightarrow$ Der Turm ist 71 m hoch.

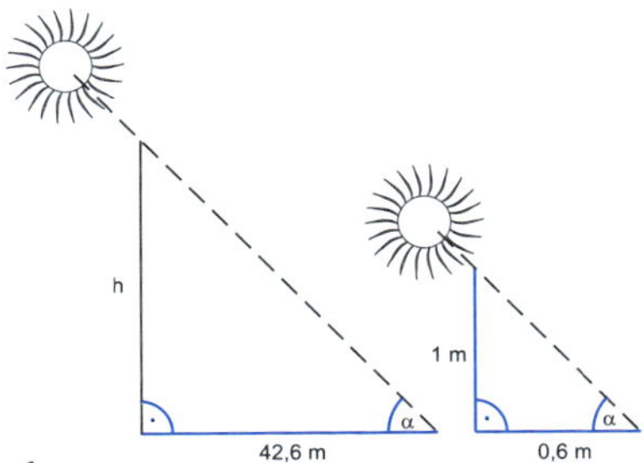

9.4 Ähnlichkeitskonstruktionen

Kennt man zu einer geometrischen Figur eine ähnliche Figur, dann reicht eine zentrische Streckung aus, um aus der vorhandenen Figur die gesuchte Figur zu bekommen.

Beispiel Konstruiere ein Dreieck ABC aus $\alpha = 44°$, $\beta = 70°$ und $w_\alpha = 4$ cm.

Lösung:
Man zeichnet ein $\Delta A'B'C'$ mit $\alpha' = 44°$ und $\beta' = 70°$.
$\Delta A'B'C'$ wird von A' aus im Verhältnis $m = \frac{w_\alpha}{w'_\alpha}$ gestreckt.

Das Ergebnis ist das gesuchte Dreieck ABC.

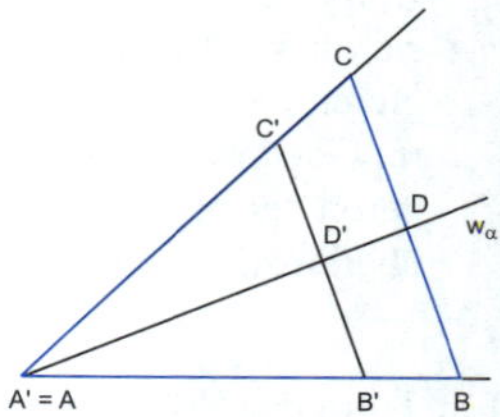

9.5 Teilpunkt

Teilpunkt
Ein Punkt T teilt die Strecke [AB] im Verhältnis τ, wenn $\overrightarrow{AT} = \tau \cdot \overrightarrow{TB}$ gilt. T ist **innerer Teilpunkt** T_i, wenn $\tau > 0$, er ist **äußerer Teilpunkt** T_a, wenn $\tau < 0$ gilt.

Beispiel

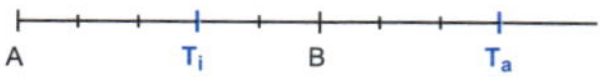

T_i teilt die Strecke [AB] im Verhältnis $\tau_i = \frac{3}{2} = 3:2$.

T_a teilt die Strecke [AB] im Verhältnis $\tau_a = -\frac{8}{3} = -8:3$.

Harmonische Teilung

Eine Strecke [AB] wird durch die Punkte T_i und T_a harmonisch geteilt, wenn sich die Teilverhältnisse für den inneren und den äußeren Teilpunkt nur im Vorzeichen unterscheiden, d. h. es gilt:

$\overrightarrow{AT_i} = \tau \cdot \overrightarrow{T_iB}$ und $\overrightarrow{AT_a} = -\tau \cdot \overrightarrow{T_aB}$

Die vier Punkte ABT_iT_a heißen vier harmonische Punkte. Die Streckenverhältnisse

$$\frac{\overline{AT_i}}{\overline{T_iB}} = \frac{\overline{AT_a}}{\overline{T_aB}}$$

sind gleich.

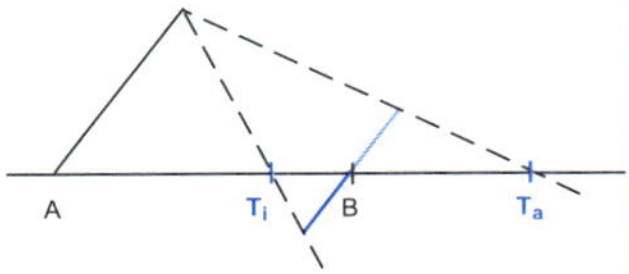

Beispiel

Die Strecke [AB] mit der Länge $\overline{AB} = 5$ cm soll innen und außen im Verhältnis $\tau = \frac{7}{3}$ geteilt werden. Konstruiere die Teilpunkte T_i und T_a und berechne die Längen $x = \overline{AT_i}$ und $y = \overline{BT_a}$.

Lösung:
Konstruktion wie im Bild der Definition mit $a = 7$ und $b = 3$.

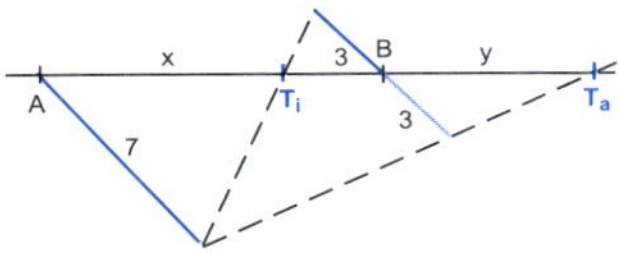

Berechnung:

$$\frac{x}{5-x} = \frac{7}{3} \qquad \frac{5+y}{y} = \frac{7}{3}$$

$$3x = 35 - 7x \qquad 15 + 3y = 7y$$

$$10x = 35 \qquad 4y = 15$$

$$x = 3{,}5 \text{ cm} \qquad y = 3{,}75 \text{ cm}$$

9.6 Strahlensatz

Strahlensatz

Werden zwei sich im Punkt Z schneidende Geraden von einem Parallelenpaar, das den Punkt Z nicht enthält, geschnitten, so gilt:

- Je zwei Abschnitte auf der einen Geraden verhalten sich so zueinander wie die entsprechenden Abschnitte auf der anderen Geraden.
- Die ausgeschnittenen Parallelstrecken verhalten sich so zueinander wie die Entfernungen entsprechender Streckenpunkte vom Schnittpunkt Z.

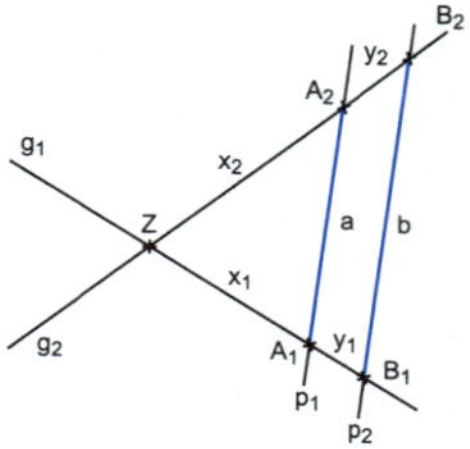

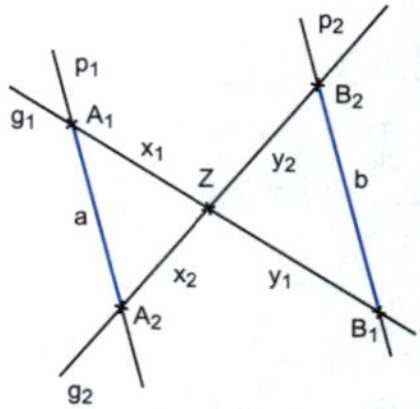

Es gelten die folgenden Proportionen:

1. $\frac{x_1+y_1}{x_1}=\frac{x_2+y_2}{x_2}=\frac{b}{a}$ bzw. $\frac{y_1}{x_1}=\frac{y_2}{x_2}=\frac{b}{a}$

2. $1+\frac{y_1}{x_1}=1+\frac{y_2}{x_2}$ bzw. $\frac{y_1}{x_1}+1=\frac{y_2}{x_2}+1$

$$\Downarrow \qquad\qquad \Downarrow$$

$$\frac{y_1}{x_1}=\frac{y_2}{x_2} \qquad\qquad \frac{y_1+x_1}{x_1}=\frac{y_2+x_2}{x_2}$$

3. $\frac{x_1+y_1}{y_1}=\frac{x_2+y_2}{y_2}$ bzw. $\frac{x_1+y_1}{y_1}=\frac{x_2+y_2}{y_2}$

Beispiel

1. Die Geraden g, h und ℓ sind parallel. Berechne die Längen a, b und c mithilfe der angegebenen Längen in cm (Skizze nur Überlegungsfigur, Maße in cm).

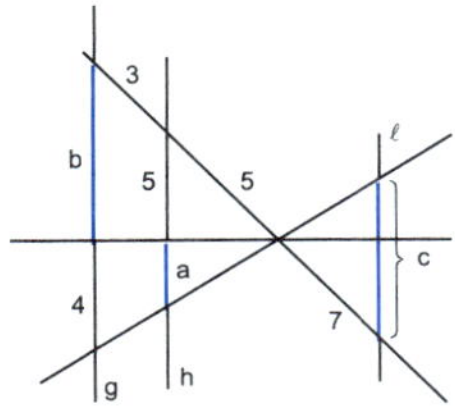

Lösung:
Nach dem Strahlensatz gilt:

$$\frac{a}{4} = \frac{5}{8} \quad \Rightarrow \quad a = \frac{20}{8} = 2{,}5 \text{ cm}$$

$$\frac{b}{5} = \frac{8}{5} \quad \Rightarrow \quad b = 8 \text{ cm}$$

$$\frac{c}{b+4} = \frac{7}{8} \quad \Rightarrow \quad c = \frac{7}{8} \cdot 12 = 10{,}5 \text{ cm}$$

2. Berechne die Breite x des Flusses mithilfe der in der Skizze angegebenen Maße (Skizze nur Überlegungsfigur).

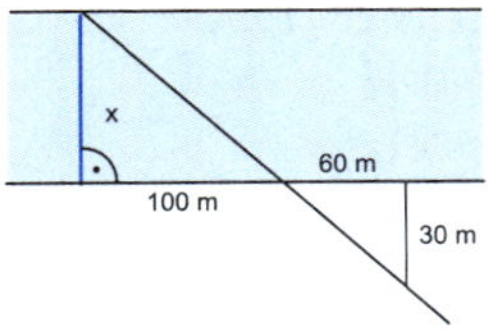

Lösung:
Nach dem Strahlensatz folgt:

$$\frac{x}{30} = \frac{100}{60}$$

$$x = \frac{100}{60} \cdot 30$$

$$= 50 \text{ m}$$

Der Fluss ist 50 m breit.

10 Satzgruppe des Pythagoras

Der Lehrsatz des Pythagoras über rechtwinklige Dreiecke ist einer der ältesten und am häufigsten verwendeten Lehrsätze der Mathematik. Die Satzgruppe enthält neben dem Satz des Pythagoras und seiner Verallgemeinerung noch den Höhensatz und den Kathetensatz.
Die Bezeichnungen werden so wie in der folgenden Skizze verwendet.

Jedes rechtwinklige Dreieck ABC ($\gamma = 90°$) mit der Hypotenuse c und den Katheten a und b wird durch die Höhe h (siehe Skizze) in die Teildreiecke ADC und CDB zerlegt.

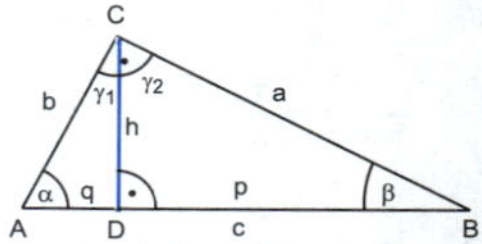

Dort gilt:

1. $c = p + q$
2. $\gamma_2 + \beta = 90° \quad \wedge \quad \alpha + \beta = 90° \quad \Rightarrow \quad \alpha = \gamma_2$
   $a + \gamma_1 = 90° \quad \wedge \quad \alpha + \beta = 90° \quad \Rightarrow \quad \beta = \gamma_1$

Die beiden Teildreiecke und das ganze Dreieck stimmen in zwei Winkeln überein. Daraus folgt, dass diese beiden Teildreiecke untereinander und zum ganzen Dreieck ähnlich sind.

Die Dreiecke ADC und CDB sind ähnlich, d. h. es gilt:
$\overline{AD} : \overline{DC} = \overline{CD} : \overline{DB} \Rightarrow q : h = h : p \Rightarrow h^2 = p \cdot q$
Damit ergibt sich:

Höhensatz
In jedem rechtwinkligen Dreieck ist das Quadrat über der Höhe flächengleich mit dem Rechteck aus den beiden Hypotenusenabschnitten.
$\mathbf{h^2 = p \cdot q}$

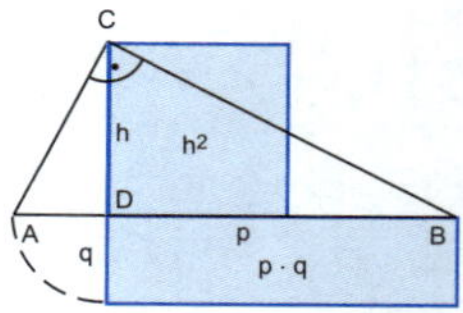

Da die Teildreiecke ADC und DBC ähnlich zum Gesamtdreieck ABC sind, gilt außerdem:

$$\overline{AD} : \overline{AC} = \overline{AC} : \overline{AB} \Rightarrow q : b = b : c \Rightarrow b^2 = c \cdot q$$

$$\overline{DB} : \overline{BC} = \overline{BC} : \overline{AB} \Rightarrow p : a = a : c \Rightarrow a^2 = c \cdot p$$

Die geometrische Deutung liefert den folgenden Satz:

Kathetensatz

Das Quadrat über einer Kathete eines rechtwinkligen Dreiecks ist flächengleich mit dem Rechteck aus der Hypotenuse und dem der Kathete anliegenden Hypotenusenabschnitt.

$a^2 = c \cdot p$; $b^2 = c \cdot q$

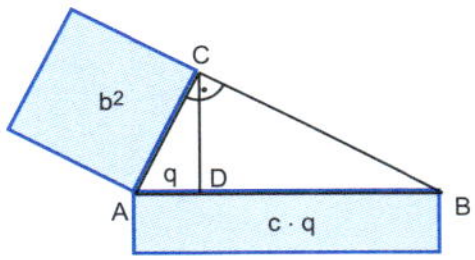

Aus der Summe der beiden Ausdrücke im Kathetensatz ergibt sich:

$$a^2 + b^2 = c \cdot p + c \cdot q = c \cdot (p + q) = c^2$$

und somit gilt:

Satz des Pythagoras

Die Flächensumme der beiden Kathetenquadrate eines rechtwinkligen Dreiecks ist genauso groß wie der Flächeninhalt des Quadrates über der Hypotenuse.

$a^2 + b^2 = c^2$

Es gilt auch der **Kehrsatz**:
Wenn in einem Dreieck ABC die Beziehung $a^2 + b^2 = c^2$ gilt, dann ist das Dreieck bei C rechtwinklig.

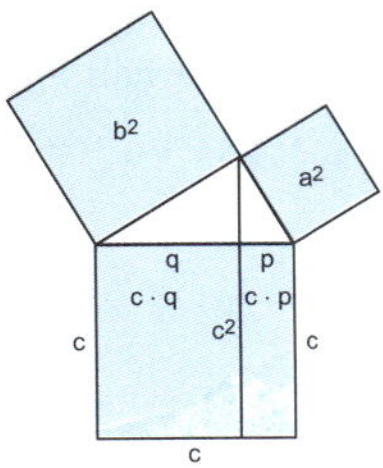

Anwendungen:

1. Abstand zweier Punkte im Koordinatensystem
   Im Dreieck PRQ gilt der Satz des Pythagoras:

$$d_{PQ}^2 = \overline{PQ}^2 = (x_2 - x_1)^2 + (y_2 - y_1)^2$$

$$\mathbf{d_{PQ} = \overline{PQ} = \sqrt{(x_2 - x_1)^2 + (y_2 - y_1)^2}}$$

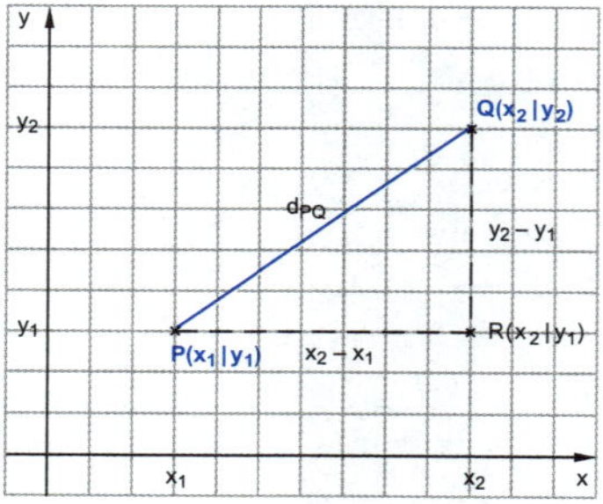

Entsprechend gilt für die Länge (den Betrag) eines Vektors $\vec{v} = \begin{pmatrix} v_1 \\ v_2 \end{pmatrix}$ im Koordinatensystem:

$$|\vec{v}| = \sqrt{v_1^2 + v_2^2}$$

2. Für die Diagonalenlänge d eines Quadrats mit der Seitenlänge a erhält man:

$$d = \sqrt{a^2 + a^2} = \sqrt{2a^2} = a\sqrt{2}$$

Beispiel

1. Im rechtwinkligen Dreieck der Skizze sind die Längen $h = 3$ cm und $b = 5$ cm gegeben. Berechne die Länge c (Skizze nur Überlegungsfigur).

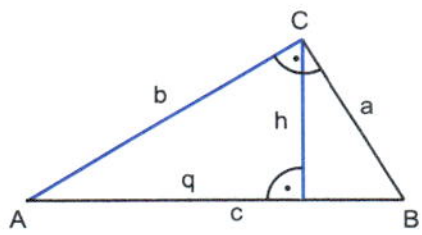

   Lösung:
   Satz des Pythagoras im ΔADC:
   $b^2 = q^2 + h^2 \Rightarrow q^2 = b^2 - h^2 = 16 \Rightarrow q = 4$ cm
   Höhensatz:
   $h^2 = p \cdot q \Rightarrow p = \frac{h^2}{q} = 2{,}25$ cm
   $c = p + q = 2{,}25 \text{ cm} + 4 \text{ cm} = 6{,}25 \text{ cm}$

2. In einem rechtwinkligen Koordinatensystem sind die Punkte $A(10\,|\,1)$, $B(2\,|\,{-3})$ und $C(8\,|\,{-5})$ gegeben. Zeige durch Rechnung, dass das Dreieck ABC gleichschenklig und rechtwinklig ist.

   Lösung:
   $\overline{AB} = \sqrt{(2-10)^2 + (-3-1)^2}$
   $= \sqrt{64+16} = \sqrt{80}$
   $\overline{AC} = \sqrt{(8-10)^2 + (-5-1)^2}$
   $= \sqrt{4+36} = \sqrt{40}$
   $\overline{BC} = \sqrt{(8-2)^2 + (-5+3)^2}$
   $= \sqrt{36+4} = \sqrt{40}$

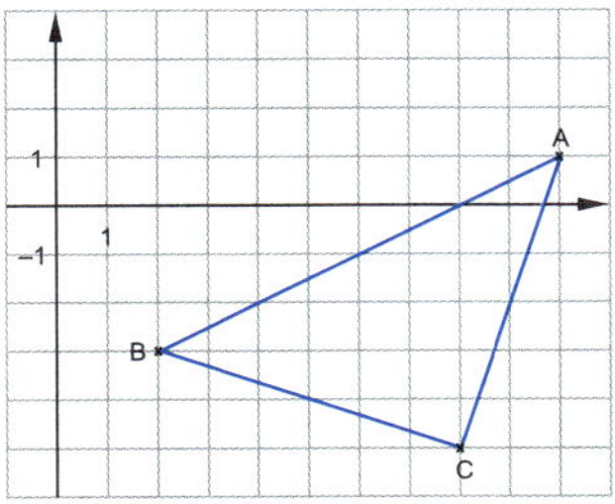

   Da $\overline{AC} = \overline{BC}$
   $\Rightarrow$ ΔABC ist gleichschenklig.

   Da $\overline{AC}^2 + \overline{BC}^2 = 40 + 40 = 80 = \overline{AB}^2$
   $\Rightarrow$ ΔABC ist bei C rechtwinklig.

3. Bei der nebenstehenden Skizze der Holzbalkenkonstruktion eines Fachwerks gilt [AD] || [BC]. Dem Zimmermann werden folgende Werte vorgegeben: a = 3,5 m, e = 5,5 m. Ermittle durch Rechnung die Längen b, c und d (Skizze nur Überlegungsfigur).

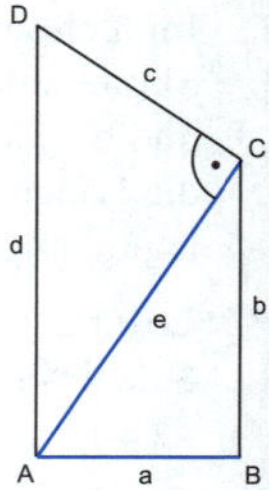

Lösung:
Im Dreieck ABC gilt der Satz des Pythagoras:

$$b^2 + a^2 = e^2 \;\Rightarrow\; b^2 = e^2 - a^2 = 18 \;\Rightarrow$$

$$b = \sqrt{18}\ \text{m} = 3\sqrt{2}\ \text{m} \approx 4,24\ \text{m}$$

Im rechtwinkligen Dreieck ACD kann der Höhensatz angewendet werden, da $\overline{EC} = a$ und $\overline{AE} = y = b$ bekannt sind:

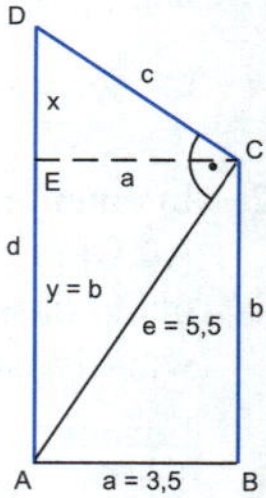

$$a^2 = x \cdot y \;\Rightarrow\; x = \frac{a^2}{y} = \frac{3{,}5^2}{3\sqrt{2}}\ \text{m} \approx 2{,}89\ \text{m} \;\Rightarrow$$

$$d = x + y = 2{,}89\ \text{m} + 4{,}24\ \text{m} = 7{,}13\ \text{m}$$

Man kann aber auch den Kathetensatz anwenden:

$$e^2 = b \cdot d \;\Rightarrow\; d = \frac{e^2}{b} = \frac{5{,}5^2}{3\sqrt{2}}\ \text{m} \approx 7{,}13\ \text{m}$$

Wendet man den Satz des Pythagoras in einem beliebigen Dreieck ABC auf die Teildreiecke ADC und DBC an, so ergibt sich:

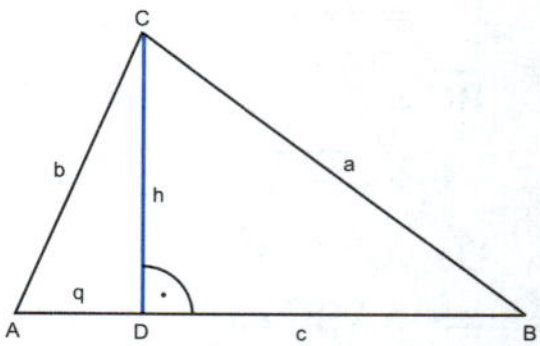

Verallgemeinerter Satz des Pythagoras
$\mathbf{a^2 = b^2 + c^2 - 2 \cdot c \cdot q}$

Anmerkung: Dieser Satz stimmt mit dem Kosinussatz aus der Trigonometrie überein.

1. Beweise die Aussage des verallgemeinerten Satzes des Pythagoras. **Beispiel**

   Lösung:

   $\Delta ADC: h^2 + q^2 = b^2 \Rightarrow h^2 = b^2 - q^2$

   $\Delta DBC: a^2 = h^2 + (c-q)^2 = h^2 + c^2 - 2cq + q^2$

   $= b^2 - q^2 + c^2 - 2 \cdot c \cdot q + q^2 = b^2 + c^2 - 2 \cdot c \cdot q$

   $\Rightarrow \quad a^2 = b^2 + c^2 - 2 \cdot c \cdot q$

2. Berechne mit obiger Formel die Länge der Seite a aus $b = 13$ cm, $h = 12$ cm und $c = 20$ cm.

   Lösung:

   $\Delta ADC: \ q^2 = b^2 - h^2 = 169 - 144 = 25 \Rightarrow q = 5$ cm

   $a^2 = b^2 + c^2 - 2cq = 169 + 400 - 2 \cdot 20 \cdot 5 = 369$

   $\Rightarrow a = \sqrt{369}$ cm $\approx 19{,}21$ cm

Goldener Schnitt

Eine Strecke [AB] wird durch den Punkt T im Verhältnis τ des goldenen Schnitts geteilt (stetig geteilt), wenn sich die größere Teilstrecke (Länge M) zur kleineren (Länge m) so verhält wie die Gesamtstrecke (Länge M + m) zur größeren Teilstrecke (Länge M), d. h. wenn gilt: $M : m = (M + m) : M$.
Für das Teilverhältnis τ des goldenen Schnitts gilt folglich:

$$\tau = \frac{M}{m} = \frac{M+m}{M} = 1 + \frac{m}{M} = \frac{1}{2}(1+\sqrt{5})$$

Anmerkung: Aus $\tau = \frac{M}{m} = \frac{M+m}{M} = 1 + \frac{m}{M} = 1 + \frac{1}{\tau}$ folgt die Gleichung zur Bestimmung von τ: $\tau^2 - \tau - 1 = 0$ mit den Lösungen $\tau_{1/2} = \frac{1}{2}(1 \pm \sqrt{5})$. Da T ein innerer Teilpunkt ist, gilt

$\tau = \frac{1}{2}(1+\sqrt{5})$.

Anwendungen: Fassadengliederung von Bauwerken, Aufbau von Figuren in Gemälden, reguläres Fünfeck und Pentagramm, etc.

Beispiel 1. Teile eine Strecke [AB] im goldenen Schnitt.

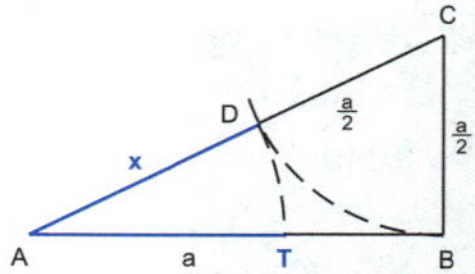

Lösung:
Man zeichnet wie in nebenstehender Skizze über $\overline{AB} = a$ ein rechtwinkliges Dreieck mit den Katheten a und $\frac{a}{2}$. Beschreibt man um C einen Kreis mit dem Radius $\frac{a}{2}$, so wird die Hypotenuse in $x + \frac{a}{2}$ zerlegt, wobei x die gesuchte Länge ist. Der Kreis um A mit dem Radius x schneidet die Strecke [AB] also im gesuchten Teilpunkt T des goldenen Schnitts, weil aus $a : x = x : (a - x)$ nach Umformungen über $x^2 + ax = a^2$ und quadratischer Ergänzung folgt:

$\left(x + \frac{a}{2}\right)^2 = a^2 + \left(\frac{a}{2}\right)^2$, d. h. der Satz des Pythagoras ist wie in obiger Zeichnung erfüllt.

2. Zeige: Nimmt man vom goldenen Viereck ABCD das Quadrat AEFD weg, so ist das verbleibende Viereck EBCF wieder ein goldenes Viereck.

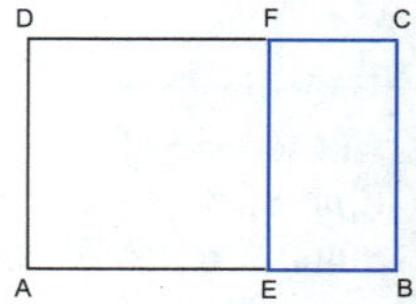

Lösung:
Im goldenen Viereck gilt:
$\frac{a}{b} = \tau$

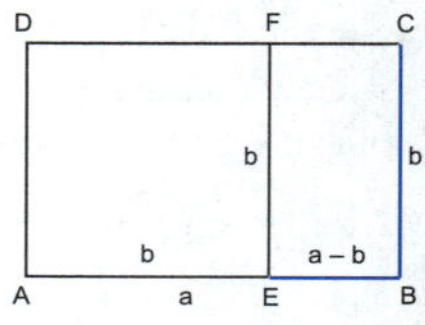

Soll das kleine Viereck wieder ein goldenes Viereck sein, dann muss auch $\frac{b}{a-b} = \tau$ gelten.

$\Rightarrow \frac{a}{b} = \frac{b}{a-b} \Rightarrow a(a-b) = b^2 \Rightarrow$

$a^2 - ab = b^2$

$a = \tau \cdot b \Rightarrow \tau^2 b^2 - \tau \cdot b^2 = b^2 \Rightarrow$

$b^2(\tau^2 - \tau) = b^2 \quad |: b^2 \quad \Rightarrow$

$\tau^2 - \tau = 1 \Rightarrow \tau^2 - \tau - 1 = 0$

Das ist aber gerade die Bestimmungsgleichung für das Teilverhältnis des goldenen Schnitts, d. h. für $\tau = \frac{1}{2}(1 + \sqrt{5})$.

11 Flächeninhalte und Umfänge

Ausgehend von den „einfachen“, durch Abzählen der Einheitsquadrate gewonnenen Flächeninhalten von Quadrat und Rechteck werden Flächen einschließlich des Flächeninhalts und Umfangs des Kreises durch Verwendung von Formeln „gemessen“.

Quadrat und Rechteck

$A_Q = a \cdot a = a^2$

$u_Q = 4 \cdot a$

$A_R = a \cdot b$

$u_R = 2 \cdot (a + b)$

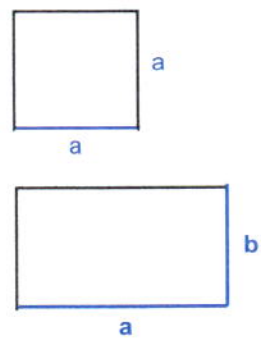

Parallelogramm

Ein Parallelogramm ist flächengleich mit einem Rechteck, das eine Parallelogrammseite g und die zugehörige Höhe h als Seiten besitzt.

$A_P = g \cdot h = a \cdot h_a = b \cdot h_b$

$u_P = 2 \cdot (a + b)$,

wenn a und b die Seiten des Parallelogramms sind.

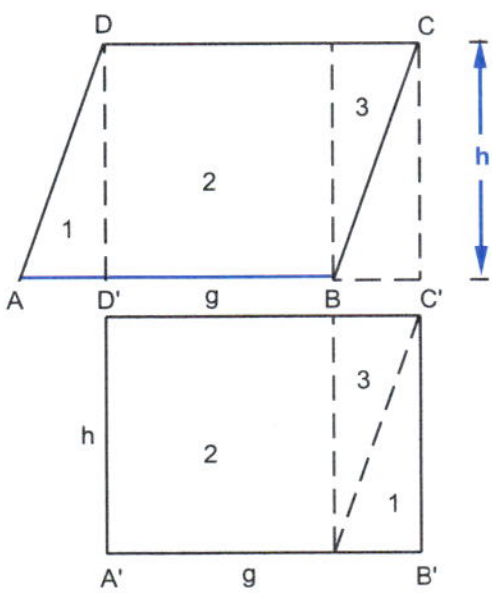

Folgerung:

Alle Parallelogramme mit gleicher Grundlinie und gleicher Höhe sind flächengleich.

Dreieck

Ein Dreieck ist flächengleich mit einem Rechteck, das eine Dreieckseite und die halbe zugehörige Höhe als Seiten besitzt.

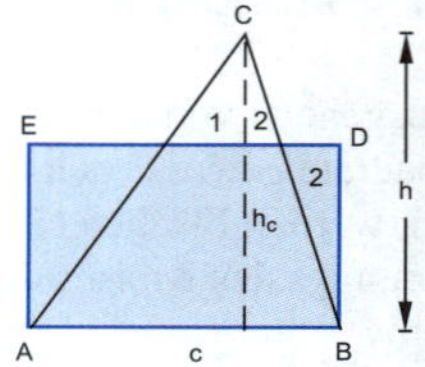

$$A_\Delta = \frac{1}{2} \cdot g \cdot h = \frac{1}{2} \cdot a \cdot h_a$$
$$= \frac{1}{2} \cdot b \cdot h_b = \frac{1}{2} \cdot c \cdot h_c$$

$u_\Delta = a + b + c$, wenn a, b, c die Seiten des Dreiecks sind.

Folgerungen:

1. Alle Dreiecke mit gleicher Grundlinie und gleicher zugehöriger Höhe sind flächengleich.

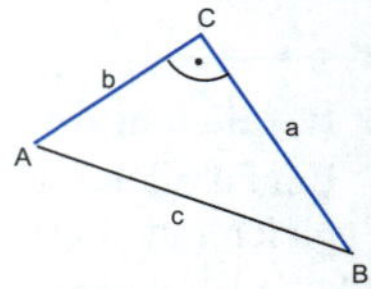

2. Im rechtwinkligen Dreieck ist die eine Kathete die Höhe auf die andere Kathete, d. h. für den Flächeninhalt gilt auch $A_\Delta = \frac{1}{2} \cdot a \cdot b$.

3. Da sich jedes Vieleck in Dreiecke zerlegen lässt, kann man die Vielecksfläche als Summe von Dreiecksflächen erhalten.

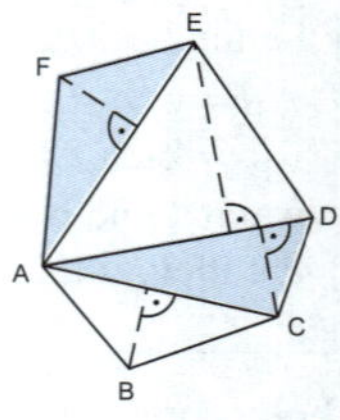

Beispiel

Zeige, dass der Flächeninhalt einer Raute (eines Drachenvierecks) mit den Diagonalen e und f auch in der Form $A = \frac{1}{2} \cdot e \cdot f$ berechnet werden kann.

Lösung:
Die Raute zerfällt in zwei Dreiecke ACD und ABC, deren Grundlinie e und deren Höhe $\frac{1}{2}f$ ist. Damit ergibt sich:

$$A_{Raute} = 2 \cdot \frac{1}{2}e \cdot \frac{1}{2}f = \frac{1}{2}e \cdot f$$

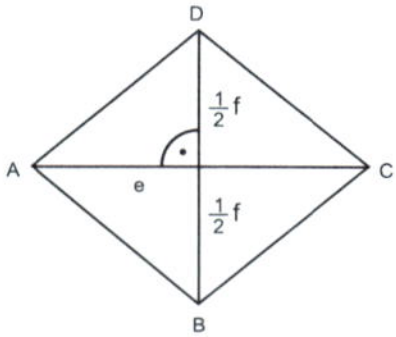

Trapez

Jedes Trapez ist flächengleich mit einem Rechteck, das die Mittellinie $m = \frac{1}{2} \cdot (a + b)$ und die Höhe h als Seiten besitzt.

$$A_{Tr} = m \cdot h = \frac{1}{2} \cdot (a + c)\, h$$

$$u_{Tr} = a + b + c + d,$$

wenn a, b, c, d die Seiten des Trapezes sind.

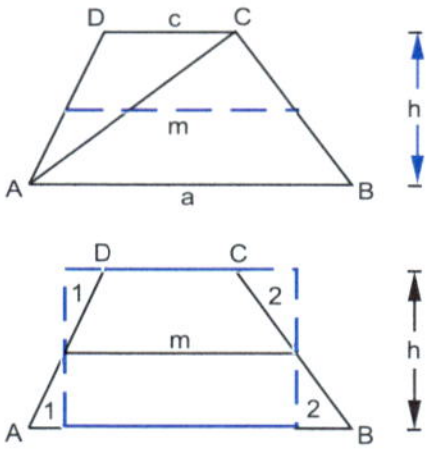

Folgerung:

Eine Vieleckfläche lässt sich auch so berechnen, dass man das Vieleck in Trapeze und Dreiecke zerlegt und sie als Summe dieser Teilflächen darstellt.

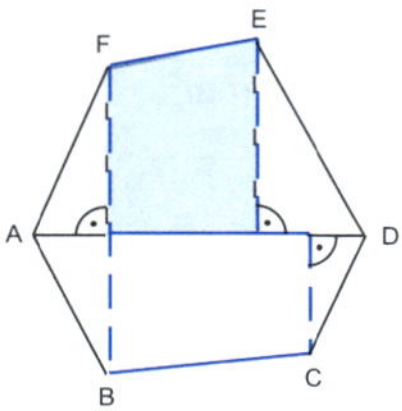

Beispiel Zerlege ein Trapez in ein Parallelogramm und ein Dreieck und bestätige die Flächenformel.

Lösung:

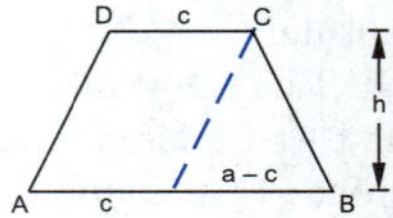

$$A_{Tr} = c \cdot h + \tfrac{1}{2}(a - c) \cdot h$$
$$= c \cdot h + \tfrac{1}{2} a \cdot h - \tfrac{1}{2} c \cdot h$$
$$= \tfrac{1}{2} a \cdot h + \tfrac{1}{2} c \cdot h = \tfrac{1}{2}(a + c) \cdot h$$

Kreis

Im Kreis ist das Verhältnis vom Umfang u zum Durchmesser d eine konstante Zahl, die **Kreiszahl** π.

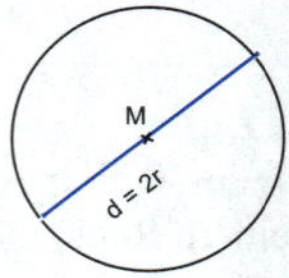

$$u_{Kr} = d \cdot \pi = 2 \cdot r \cdot \pi$$

π ist eine transzendent irrationale Zahl mit der Näherung $\pi \approx 3{,}14159...$

Die **Fläche des Kreises** berechnet sich über

$$A_{Kr} = r^2 \cdot \pi$$

Für die Länge eines **Kreisbogens b** erhält man

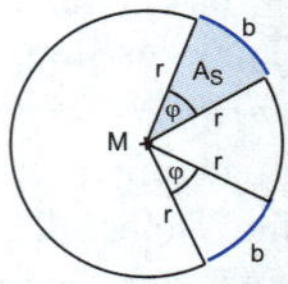

$$b = \frac{\varphi}{360^\circ} \cdot 2r\pi = \frac{\varphi}{180^\circ} \cdot r\pi$$

Für die Fläche eines **Kreissektors S** erhält man

$$A_S = \frac{\varphi}{360^\circ} \cdot r^2\pi = \frac{1}{2} \cdot b \cdot r$$

Beispiel

1. Aus einem Kreis mit dem Radius $r = 6$ cm soll ein möglichst großes reguläres Sechseck ausgeschnitten werden. Berechne den Inhalt der abgeschnittenen Kreissegmente.

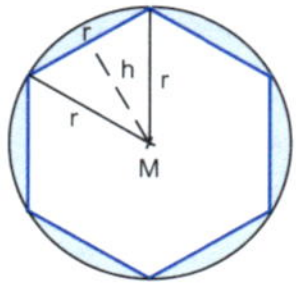

Lösung:
Es entstehen sechs gleichseitige Dreiecke mit dem Radius r als Seite und der Höhe $h = \frac{r}{2}\sqrt{3}$. Die Fläche der abgeschnittenen Kreissegmente ist die Differenz aus der Kreisfläche und den sechs Dreiecksflächen.

$$A = r^2\pi - 6 \cdot \frac{1}{2} r \cdot \frac{r}{2}\sqrt{3} = r^2\pi - \frac{3}{2}\sqrt{3} r^2$$
$$= r^2\left(\pi - \frac{3}{2}\sqrt{3}\right) = 36 \cdot \left(\pi - \frac{3}{2}\sqrt{3}\right)$$
$$\approx 19{,}57 \text{ cm}^2$$

2. Gegeben ist die in der nebenstehenden Skizze gezeichnete Figur. Zeige durch Rechnung, dass sich die beiden Halbkreise berühren, und berechne dann in Abhängigkeit vom Radius r den Inhalt der gekennzeichneten Figur.

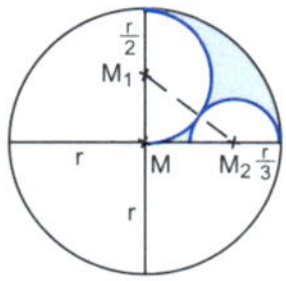

Lösung:
Die beiden Halbkreise berühren sich, wenn im Dreieck MM_2M_1 der Satz des Pythagoras gilt:

$$\overline{MM_1}^2 + \overline{MM_2}^2 = \overline{M_1M_2}^2$$
$$\left(\frac{r}{2}\right)^2 + \left(\frac{2}{3}r\right)^2 = \left(\frac{r}{2} + \frac{r}{3}\right)^2$$
$$\frac{r^2}{4} + \frac{4}{9}r^2 = \left(\frac{5}{6}r\right)^2$$
$$\frac{9}{36}r^2 + \frac{16}{36}r^2 = \frac{25}{36}r^2 \Rightarrow \text{Berührung}$$

Die Fläche der gekennzeichneten Figur ergibt sich als Differenz eines Viertelkreises und zweier Halbkreise.

$$A = \frac{1}{4}r^2\pi - \frac{1}{2}\left(\frac{r}{2}\right)^2\pi - \frac{1}{2}\left(\frac{r}{3}\right)^2\pi = \frac{1}{4}r^2\pi - \frac{1}{8}r^2\pi - \frac{1}{18}r^2\pi$$
$$= \frac{18}{72}r^2\pi - \frac{9}{72}r^2\pi - \frac{4}{72}r^2\pi = \frac{5}{72}r^2\pi$$

3. Berechne den Inhalt und den Umfang der gekennzeichneten Fläche in Abhängigkeit vom Radius r.

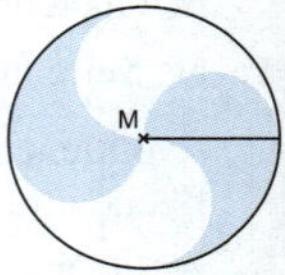

Lösung:
Man erkennt, dass sich die Figuren in jeder Hälfte zu einem Viertelkreis ergänzen, d. h.

$$A = \frac{1}{2} \cdot r^2\pi$$

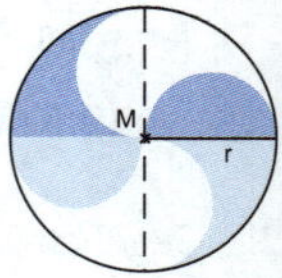

Der Umfang der gekennzeichneten Figur setzt sich aus zwei großen Viertelkreisen und aus vier kleinen Halbkreisen zusammen, d. h.

$$u = 2 \cdot \frac{1}{4} \cdot 2r\pi + 4 \cdot \frac{1}{4} \cdot 2 \cdot \frac{r}{2}\pi = r\pi + 2r\pi = 3r\pi$$

Räumliche Geometrie

Die ebene Geometrie wird um die dritte Dimension erweitert, so dass jetzt geometrische Beziehungen und Gebilde im Anschauungsraum untersucht werden können.

1 Punkte, Geraden und Ebenen

Die Elemente unseres dreidimensionalen Raumes sind Punkte, Geraden und Ebenen. Ihre räumlichen Lagebeziehungen eröffnen nicht nur Schnittprobleme, sondern erzeugen auch geometrische Körper.

1.1 Geraden

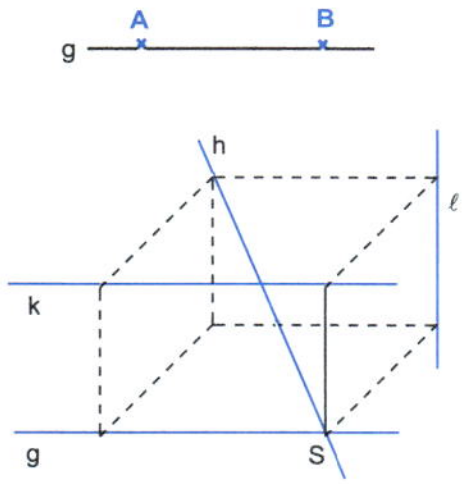

Eine **Gerade** ist durch zwei Punkte eindeutig festgelegt.
Bezüglich der Lage, die zwei verschiedene Geraden im Raum zueinander haben können, lässt sich Folgendes festhalten:

1. Geraden können sich in einem Punkt **schneiden**, z. B. g und h ($g \cap h = \{S\}$).
2. Geraden können **parallel** zueinander sein, z. B. g und k ($g \parallel k$).
3. Geraden können **windschief** zueinander sein, d. h. sie laufen aneinander vorbei, ohne parallel zu sein oder sich zu schneiden, z. B. g und ℓ oder k und ℓ oder h und ℓ.

1.2 Ebenen

Eine **Ebene** ist eindeutig bestimmt durch die Angabe von
- drei Punkten, die nicht auf einer Gerade liegen,
- einer Geraden und einem Punkt, der nicht auf der Geraden liegt,
- zwei sich schneidenden Geraden,
- zwei echt parallelen Geraden.

Bezüglich der Lage, die zwei verschiedene Ebenen im Raum zueinander haben können, lässt sich Folgendes festhalten:

1. Ebenen können **parallel** zueinander sein, z. B. E_1 und E_3 ($E_1 \parallel E_3$) oder auch E_2 und E_3.
2. Ebenen können sich in genau einer Geraden **schneiden**, z.B. E_1 und E_2 bzw. E_3 und E_2 ($E_1 \cap E_2 = g$; $E_3 \cap E_2 = h$).

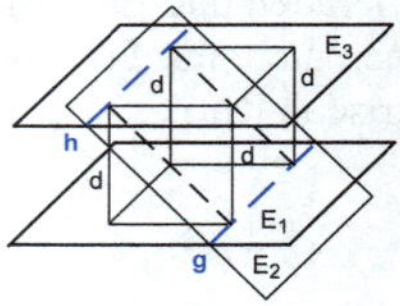

Eine Ebene E heißt **Lotebene** zu einer Ebene E' (E ist senkrecht zu E'), wenn E ein Lot zu E' enthält.

1.3 Lage von Gerade und Ebene zueinander

Für die Lage einer Gerade und einer Ebene zueinander gilt:

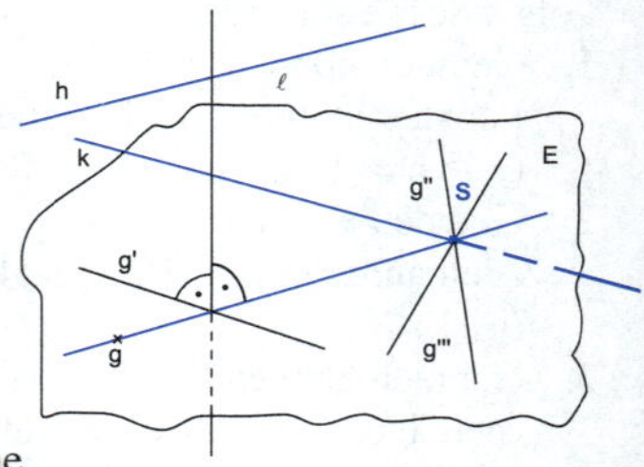

1. Eine Gerade kann ganz in einer Ebene liegen (z. B. $g \subset E$).
2. Eine Gerade kann parallel zu einer Ebene sein (z. B. $h \parallel E$).
3. Eine Gerade kann eine Ebene in einem Punkt schneiden (z. B. $k \cap E = \{S\}$). S heißt **Spurpunkt** der Geraden in der Ebene.

Bezeichnung: Eine Gerade ℓ ist ein Lot zu einer Ebene, wenn sie die Ebene schneidet und im Schnittpunkt auf zwei Geraden der Ebene senkrecht steht. ℓ steht dann senkrecht auf allen Geraden der Ebenen, die durch diesen Punkt verlaufen.

Beispiel

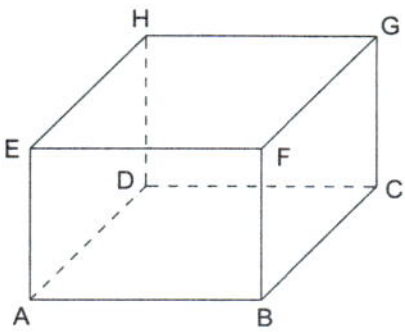

1. Bestimme im Quader ABCDEFGH die Schnittgerade der Ebene AHG mit der Ebene CHE.
2. Welche Lage hat die Gerade ED zur Ebene BCG?
3. Welche Kantengeraden des Quaders sind windschief zur Geraden GF?
4. M ist der Mittelpunkt der Kante [EH]. Wie viele Lote lassen sich von M auf die Ebene ABC fällen?

Lösung:

1. Die Punkte H und B liegen auf beiden Ebenen, d. h. HB ist die Schnittgerade von AHG und CHE.
2. ED ist parallel zur Ebene BCG.
3. AE, DH, AB, DC sind windschief zur Geraden GF.
4. Es gibt genau ein Lot. Es geht von M zur Mitte der Kante [AD].

2 Darstellung von Körpern

Dem Problem der Darstellung räumlicher Gebilde in der Zeichenebene begegnet man durch Parallelprojektion, sowohl durch die Darstellung in Grund- und Aufriss als auch im Schrägbild.

2.1 Darstellung in Grund- und Aufriss

Um räumliche Punkte in der Zeichenebene darstellen zu können, werden die Raumpunkte auf eine Ebene projiziert, d. h. durch jeden Punkt P des Raumes verläuft eine Gerade, deren Schnittpunkt mit der Projektionsebene den Bildpunkt P' ergibt. Sind diese Projektionsgeraden parallel, so heißt die Projektionsart **Parallelprojektion**.

Eigenschaften der Parallelprojektion

- Nur Winkel und Strecken, die zur Bildebene parallel sind, werden in wahrer Größe abgebildet, d. h. die Abbildung der Parallelprojektion ist weder längen- noch winkeltreu.
- Parallele Strecken (Geraden) werden auf parallele Strecken (Geraden) abgebildet.
- Der Mittelpunkt einer Strecke wird auf den Mittelpunkt der Bildstrecke abgebildet.

Eine Parallelprojektion, bei der die Projektionsgeraden senkrecht zur Bildebene verlaufen, heißt **senkrechte Parallelprojektion**. Sie tritt besonders häufig in Anwendungen auf.

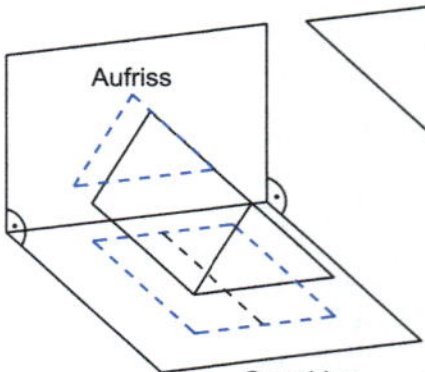

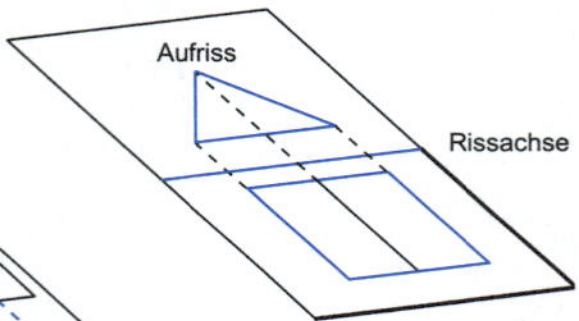

Das Bild eines Körpers wird deutlicher, wenn man **zwei** senkrechte Parallelprojektionen auf zueinander senkrechten Ebenen verwendet (Zweitafelprojektion). Dabei heißt die Projektion in die horizontale Ebene **Grundriss**, die Projektion in die vertikale Ebene **Aufriss**. Die Schnittgerade der beiden Ebenen heißt **Rissachse**. Im Grundriss erscheinen alle **horizontalen**, im Aufriss alle **vertikalen** Strecken in **wahrer** Länge.

Beispiel

Die folgende Abbildung zeigt eine Pyramide, die auf der Grundrissebene steht, sowie deren Grund- und Aufriss.

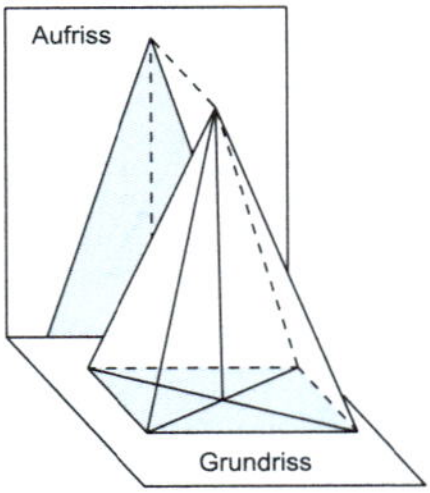

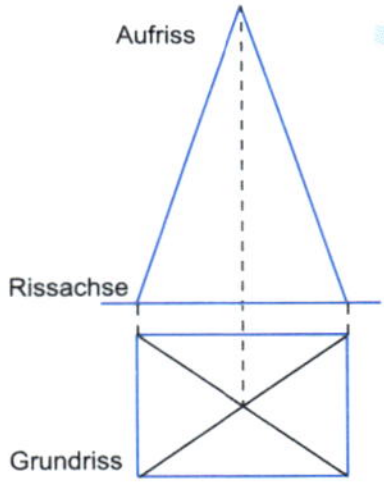

2.2 Schrägbilder

Im Zweitafelverfahren hat man zwar viele Strecken in wahrer Länge, aber noch keine richtige räumliche Anschauung. Man zeichnet deshalb als Kombination von Grund- und Aufriss, denen man Strecken und Winkel in wahrer Größe entnimmt, ein **Schrägbild** des Körpers. Im Schrägbild gilt:

1. Alle zur Bildebene (im Allgemeinen zur Aufrissebene) parallelen Strecken erscheinen in wahrer Länge.
2. Alle zur Bildebene senkrechten Strecken sind unter demselben **Verzerrungswinkel ω** gegen die Rissachse geneigt und im gleichen **Verzerrungsverhältnis q** verkürzt.

Beispiel Zeichne das Schrägbild einer vierseitigen geraden Pyramide mit der Höhe h = 3 cm aus gegebenem Grundriss mit ω = 30° und q = 0,5.

Lösung:

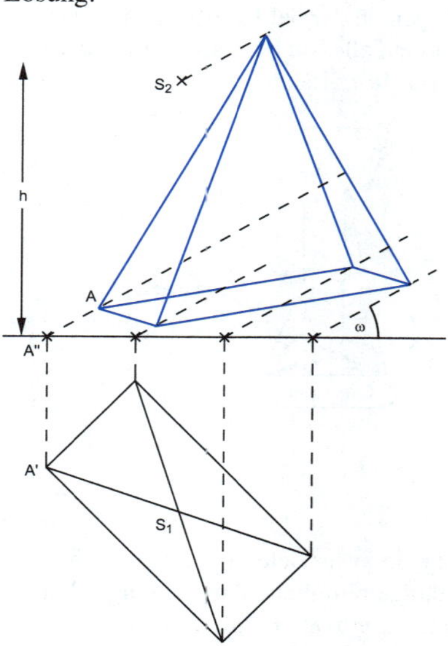

$$q = \frac{\overline{AA''}}{\overline{A''A'}}$$

3 Körper

Neben Würfel und Quader gibt es eine Reihe anderer Körper, von denen im Folgenden nur die „geraden" betrachtet werden sollen, d. h. Körper, die einfach erzeugt werden können.

3.1 Gerades Prisma

Gerades Prisma

Ein **gerades, n-seitiges Prisma** hat als **Grund-** und **Deckfläche kongruente n-Ecke**, deren Ebenen parallel zueinander sind. Die **Seitenflächen des Prismas**, die den Mantel bilden, sind **Rechtecke**. Die n Seitenkanten, deren Längen mit der Höhe des Prismas übereinstimmen, sind Lote zur Grund- und Deckfläche. Das **Netz** eines Prismas besteht folglich aus zwei n-Ecken und n Rechtecken.

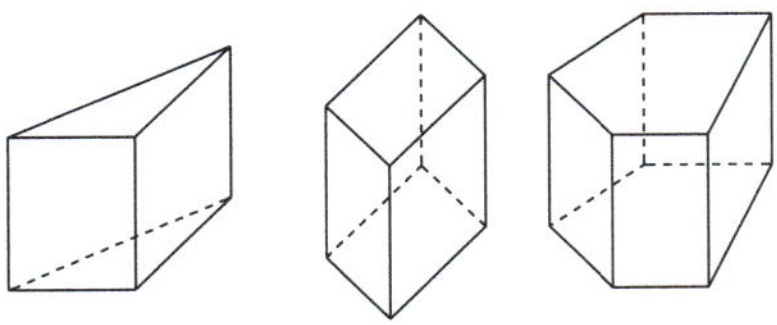

Volumen und Oberfläche des geraden Prismas

Sind G die Grundfläche und h die Höhe des geraden Prismas, so erhält man sein Volumen V zu $V_{Pr} = G \cdot h$.

Sind u der Umfang des Grundflächenvielecks und h die Höhe des geraden Prismas, so erhält man die Mantelfläche durch $M_{Pr} = u \cdot h$.

Sind G die Grundfläche und M die Mantelfläche des geraden Prismas, so erhält man die Oberfläche durch $O_{Pr} = 2 \cdot G + M$.

Beispiel Der Querschnitt eines Bleibarrens mit der Länge $\ell = 6$ cm ist ein gleichschenkliges Trapez mit dem Umfang u = 11,9 cm und einer Höhe von 2 cm.

1. Berechne die Fläche G des Trapezes.
2. Berechne die Oberfläche O des Bleibarrens.
3. Berechne das Gewicht des Bleibarrens, wenn 1 dm³ Blei 11,34 kg wiegt.

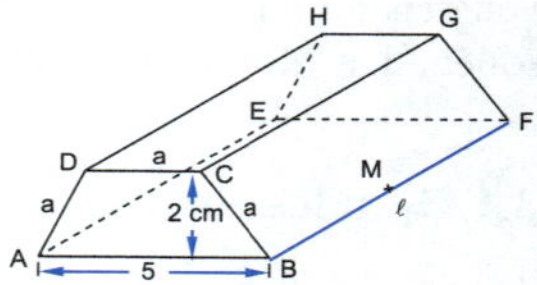

Lösung:

1. $u = 3a + 5$

   $a = \frac{u-5}{3} = 2{,}3 \text{ cm}$

   $G = \frac{1}{2}(5 + 2{,}3) \cdot 2 \text{ cm}^2 = 7{,}3 \text{ cm}^2$

2. $O = 2 \cdot G + 3 \cdot a \cdot \ell + 5 \cdot \ell$
   $= 14{,}6 \text{ cm}^2 + 41{,}4 \text{ cm}^2 + 30 \text{ cm}^2 = 86 \text{ cm}^2$

3. Gewicht $= 7{,}3 \cdot 6 \cdot 11{,}34 \text{ g} = 496{,}69 \text{ g} \approx 497 \text{ g}$

3.2 Pyramide und Cavalieri'sches Prinzip

Eine **Pyramide** entsteht, wenn man die Eckpunkte eines Vielecks mit einem Punkt S außerhalb der Vielecksebene mit Strecken verbindet. Das Vieleck heißt **Grundfläche G**, die Dreiecksflächen zwischen den Vieleckseiten und der Spitze heißen **Seitenflächen**. Das Lot von der Spitze S auf die Grundfläche G heißt **Höhe h** der Pyramide.

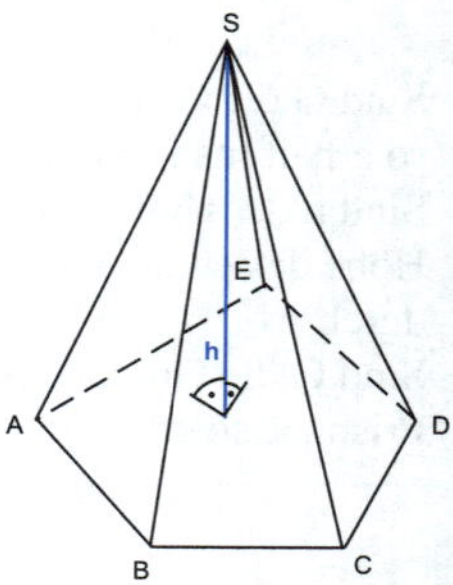

Eine Pyramide heißt **gerade**, wenn die Grundfläche der Pyramide einen Umkreis besitzt und der Höhenfußpunkt F der Mittelpunkt dieses Umkreises ist, d. h. wenn die Seitenkanten der Mantelfläche der Pyramide gleich lang sind.

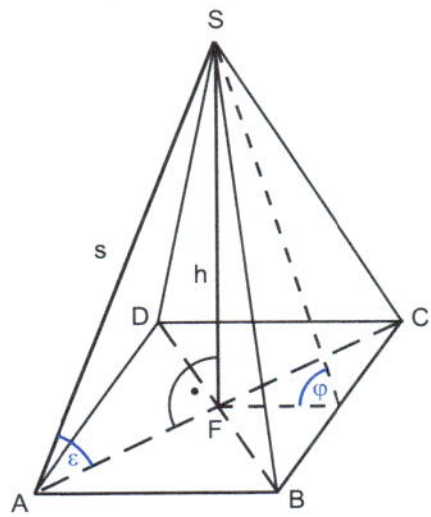

Eine Pyramide heißt **regulär**, wenn alle Seitenkanten gleich lang sind. Eine dreiseitige reguläre Pyramide heißt **Tetraeder**. Unter dem **Neigungswinkel ε einer Gerade g gegen eine Ebene E** versteht man denjenigen spitzen Winkel, den die Gerade g mit ihrer senkrechten Projektion g' in der Ebene bildet.
Unter dem Neigungswinkel ε einer Seitenkante der Pyramide gegen die Grundfläche versteht man folglich den Winkel, den z. B. die Gerade AS mit der senkrechten Projektion AF bildet (siehe Skizze).
$\varphi = \sphericalangle(PS, PF)$ ist der Neigungswinkel der Seitenfläche(nebene) gegen die Grundfläche(nebene).
Die Seitenflächen der Pyramide bilden den Pyramidenmantel M. Damit setzt sich die Oberfläche aus der Grundfläche G und der Mantelfläche M zusammen, d. h. es gilt:

Oberfläche einer Pyramide
$O_{Pyr} = G + M$

Für die Volumenbestimmung gilt:

Prinzip von Cavalieri
Liegen zwei Körper zwischen zwei parallelen Ebenen und werden sie von jeder zu diesen Ebenen parallelen Ebene in inhaltsgleichen Flächen geschnitten, so haben die Körper das gleiche Volumen.

Für Pyramiden gilt:

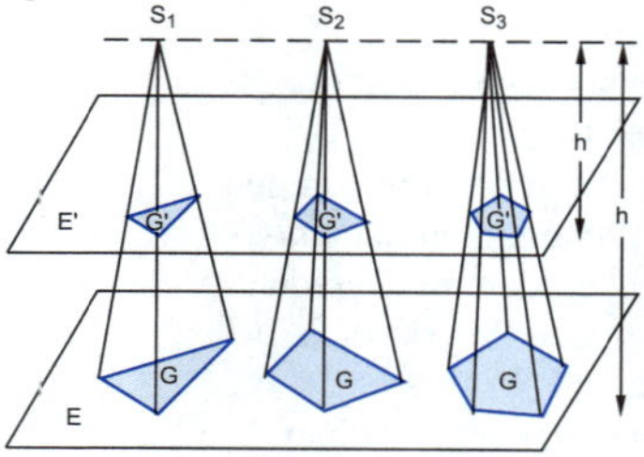

Mithilfe des Prinzips von Cavalieri wird gezeigt, dass jedes Prisma in drei volumengleiche Pyramiden zerlegt werden kann. Für das Volumen einer Pyramide gilt folglich:

Volumen einer Pyramide

$V_{Pyr} = \frac{1}{3} \cdot G \cdot h$

Beispiel Eine Pyramide hat als Grundfläche ein Rechteck mit den Seiten $a = 4$ m und $b = 3$ m. Die Spitze der Pyramide liegt mit einer Höhe $h = 5$ m senkrecht über dem Schnittpunkt der Diagonalen des Rechtecks.

1. Berechne die Länge s der Seitenkanten.
2. Wie groß ist die Mantelfläche M der Pyramide?

Lösung:

1. Im rechtwinkligen Dreieck AFS gilt der Satz des Pythagoras:

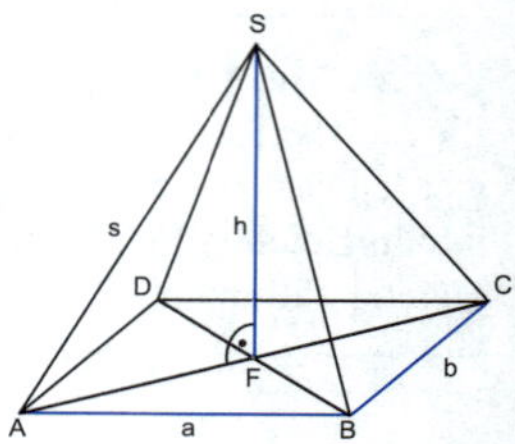

$s^2 = \overline{AF}^2 + h^2$ mit $\overline{AF} = \frac{1}{2}\overline{AC}$

und $\overline{AC}^2 = a^2 + b^2$
$= 16 + 9$
$= 25$

$\Rightarrow \overline{AC} = 5$ cm

$s^2 = 2{,}5^2 + 5^2$
$= 31{,}25$

$\Rightarrow s = \sqrt{31{,}25}\,\text{cm} \approx 5{,}59\,\text{cm}$

2. Seitenflächenhöhe im ΔABS = Seitenfläche im ΔDCS:

$$\begin{aligned} h_1^2 &= \left(\tfrac{b}{2}\right)^2 + h^2 \\ &= 1{,}5^2 + 5^2 \\ &= 27{,}25 \end{aligned}$$

$$\Rightarrow\ h_1 = \sqrt{27{,}25}\ \text{cm} \approx 5{,}22\ \text{cm}$$

Seitenflächenhöhe im ΔBCS = Seitenfläche im ΔADS:

$$\begin{aligned} h_2^2 &= \left(\tfrac{a}{2}\right)^2 + h^2 \\ &= 2^2 + 5^2 = 29 \end{aligned}$$

$$\Rightarrow\ h_2 = \sqrt{29}\ \text{cm} \approx 5{,}39\ \text{cm}$$

$$\begin{aligned} M &= 2 \cdot \tfrac{1}{2} \cdot a \cdot h_1 + 2 \cdot \tfrac{1}{2} \cdot b \cdot h_2 \\ &= 4 \cdot 5{,}22 + 3 \cdot 5{,}39 \\ &= 37{,}05\ \text{cm}^2 \end{aligned}$$

3.3 Platonische Körper

Wird ein geometrischer Körper von Vielecken begrenzt, so heißt er **Polyeder**. Sind die Vielecke kongruent und treffen in jeder Ecke gleich viele Kanten zusammen, so spricht man von einem **regulären Polyeder**. Es gibt nur fünf reguläre Polyeder, die **platonischen Körper**.

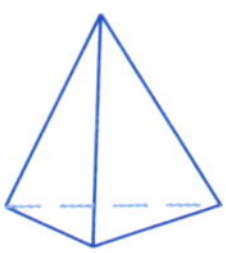

Tetraeder

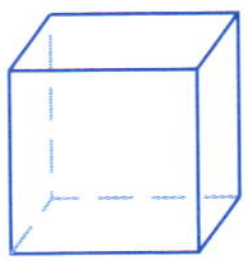

Würfel

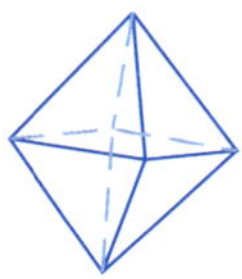

Oktaeder

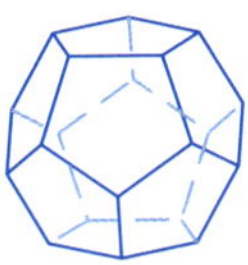

Dodekaeder

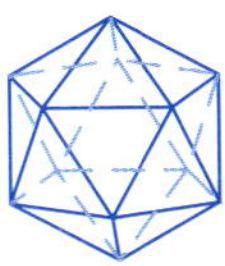

Ikosaeder

Tetraeder

Für das Tetraeder mit der Seitenkante a gilt:

$V_{Tetr} = \frac{1}{3} \cdot G \cdot h = \frac{1}{12} \cdot a^3 \cdot \sqrt{2}$

$O_{Tetr} = 4 \cdot G = a^2 \cdot \sqrt{3}$

Oktaeder

Für das Oktaeder mit der Seitenkante a gilt:

$V_{Okt} = 2 \cdot \frac{1}{3} \cdot G \cdot h = \frac{a^3}{3} \cdot \sqrt{2}$

$O_{Okt} = 8 \cdot A = 2a^2 \cdot \sqrt{3}$

Beispiel Einem Würfel mit der Kantenlänge $x = a\sqrt{2}$ ist ein reguläres Oktaeder einbeschrieben.

1. Berechne das Volumen des Oktaeders in Abhängigkeit von a.
2. In welchem Verhältnis stehen die Oberflächen von Oktaeder und Würfel zueinander?

Lösung:

1. Nur Überlegungsfigur!
   x' ist die Länge der Verbindungsstrecke zweier Seitenmitten.

   Damit gilt $x' = \frac{1}{2}d$.

   Für die Diagonale d gilt:

   $d^2 = x^2 + x^2 = 2x^2 = 4a^2 \Rightarrow$

   $d = 2a$

   $x' = a; 2h = x = a\sqrt{2} \Rightarrow$

   $V_{Okt} = \frac{a^3}{3}\sqrt{2}$

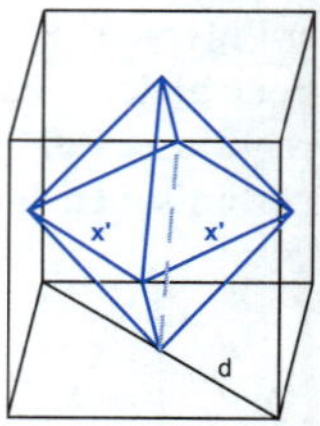

2. Für die Oberfläche des Oktaeders gilt:

   $O_{Okt} = 2a^2\sqrt{3}$

   Für die Oberfläche des Würfels gilt:

   $O_W = 6 \cdot x^2 = 12a^2 \Rightarrow \frac{O_{Okt}}{O_W} = \frac{2a^2\sqrt{3}}{12a^2} = \frac{\sqrt{3}}{6}$

3.4 Gerader Kreiszylinder

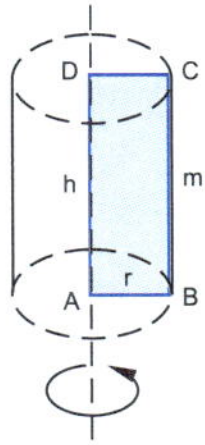

Rotiert ein Viereck ABCD um eine Seite als Drehachse, so entsteht ein **gerader Kreiszylinder**. Die Gerade AD heißt **Zylinderachse**, die Seite [BC], die während der Drehung den **Zylindermantel M** beschreibt, heißt **Mantellinie m**. Die Länge der Mantellinie heißt auch **Höhe h** des Zylinders. Die Seiten [AB] und [DC] beschreiben die **Grundflächen** (Grund- und Deckfläche) des Zylinders.

Gerader Kreiszylinder
Für alle **geraden Kreiszylinder** gilt:

- Alle Punkte der Mantelfläche haben von der Zylinderachse den Abstand r.
- Jede Ebene durch zwei Mantellinien schneidet aus dem Zylinder ein Rechteck aus.
- Jede Lotebene zur Zylinderachse schneidet die Mantelfläche in einem zu den Grundflächen kongruenten Kreis.

Die **Mantelfläche** ergibt sich nach Aufschneiden längs einer Mantellinie und Ausbreiten in die Ebene als Rechteck, das den Umfang $u = 2r\pi$ und die Höhe h als Seiten besitzt, d. h. $\mathbf{M_Z = 2r\pi h}$.

Addiert man die beiden Grundkreisflächen jeweils noch mit dem Inhalt $r^2\pi$, so ergibt sich die **Oberfläche** $\mathbf{O_Z = 2r^2\pi + 2r\pi h = 2r\pi(r + h)}$.

Das **Volumen** ergibt sich durch $\mathbf{V_Z = G \cdot h = r^2\pi h}$.

Beispiel Berechne das Materialvolumen einer Röhre mit dem Außendurchmesser 45,4 cm, dem Innendurchmesser 43,6 cm und der Länge 3,85 m.

Lösung:

$d_a = 45{,}4\text{ cm} \Rightarrow r_a = 22{,}7\text{ cm}$

$d_i = 43{,}6\text{ cm} \Rightarrow r_i = 21{,}8\text{ cm}$

$h = 3{,}85\text{ m} = 385\text{ cm}$

$V = (r_a^2 - r_i^2)\pi \cdot h = (22{,}7^2 - 21{,}8^2) \cdot \pi \cdot 385\text{ cm}^3$

$= 48\,441\text{ cm}^3 = 48{,}441\text{ dm}^3$

3.5 Gerader Kreiskegel

Rotiert ein rechtwinkliges Dreieck ABC um eine seiner Katheten als Drehachse, so entsteht ein **gerader Kreiskegel**. Die Hypotenuse, die während der Drehung den **Kegelmantel M** bildet, heißt **Mantellinie s**. Die andere Kathete beschreibt die kreisförmige **Grundfläche G**. Alle Mantellinien treffen sich in der **Spitze S** des Kegels. Der Abstand der Spitze von der Grundfläche heißt **Höhe h** des Kegels.

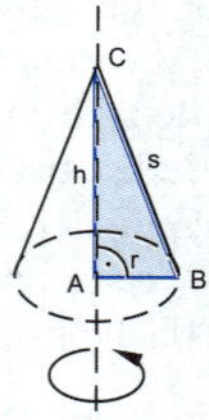

Gerader Kreiskegel

Für alle geraden Kreiskegel gilt:

- Die Mantellinie s, die Höhe h und der Grundkreisradius r sind über den Satz des Pythagoras miteinander verknüpft. Es gilt: $r^2 + h^2 = s^2$
- Jede Lotebene zur Kegelachse zwischen der Spitze S und der Grundfläche G schneidet den Kegelmantel in einer Kreislinie. Die Radien von Schnittkreis und Grundfläche verhalten sich so zueinander wie ihre Abstände von der Spitze.

Oberfläche und Volumen des geraden Kreiskegels

Die **Mantelfläche** ergibt sich nach Aufschneiden längs einer Mantellinie und Ausbreiten in die Ebene als Kreissektor, dessen Radius R die Mantellinie s des Kegels ist und dessen Bogenlänge b mit dem Umfang $u = 2r\pi$ des Grundkreises übereinstimmt, d. h. es gilt:

$$M_{Ke} = \frac{b \cdot R}{2} = \frac{2r\pi \cdot s}{2} = r\pi s$$

Addiert man zur Mantelfläche noch die Grundfläche $r^2\pi$, so ergibt sich die **Oberfläche**

$$O_{Ke} = r^2\pi + r\pi s = r\pi(r+s)$$

Das **Volumen** ergibt sich wie bei der geraden Pyramide durch

$$V_{Ke} = \tfrac{1}{3} G \cdot h = \tfrac{1}{3} r^2\pi h$$

Beispiel

Das Viereck ABCD der nebenstehenden Skizze rotiert um die Gerade AD. Berechne auf zwei Dezimalstellen genau das Volumen und die Oberfläche des entstehenden Rotationskörpers.

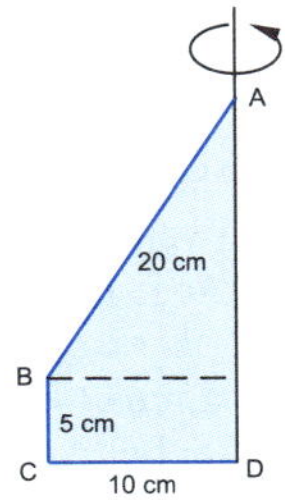

Lösung:
Es entsteht ein Zylinder mit aufgesetztem Kegel. Für die Höhe h_K des Kegels gilt:

$$h_K^2 = s^2 - r^2 = 20^2 - 10^2 = 300$$

$$\Rightarrow h_K = \sqrt{300}\ \text{cm} = 10\sqrt{3}\ \text{cm}$$

$$\begin{aligned} V &= r^2\pi \cdot h_Z + \tfrac{1}{3} r^2\pi \cdot h_K \\ &= 100 \cdot \pi \cdot 5\ \text{cm}^3 + \tfrac{1}{3} \cdot 100\pi \cdot 10\sqrt{3}\ \text{cm}^3 \\ &= 500\pi\ \text{cm}^3 + \frac{1000}{3}\pi\sqrt{3}\ \text{cm}^3 \\ &\approx 3384{,}60\ \text{cm}^3 \end{aligned}$$

Die Oberfläche besteht aus der Grundfläche des Zylinders sowie dem Zylinder- und dem Kegelmantel.

$$\begin{aligned} O &= r^2\pi + 2r\pi \cdot h' + r\pi s \\ &= 100\pi + 20\pi \cdot 5 + 10 \cdot \pi \cdot 20 \\ &= 400\pi\ \text{cm}^2 \approx 1256{,}64\ \text{cm}^2 \end{aligned}$$

3.6 Kugel

Rotiert ein Kreis (Halbkreis) um seinen Durchmesser, so beschreibt der Kreisumfang (Halbkreisbogen) eine **Kugel K** (besser: eine **Kugelfläche K**).

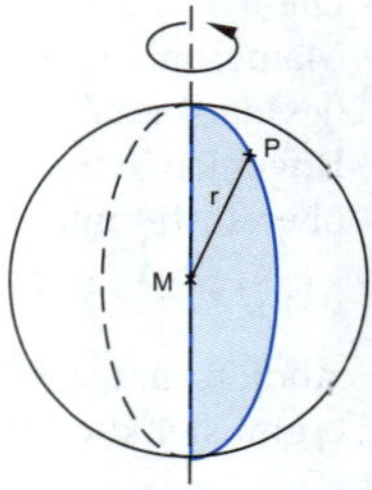

Die Kugel(fläche) ist die Menge der Punkte des Raumes, die von einem festen Punkt M die Entfernung r besitzen.

$K = \{P \mid \overline{PM} = r\}$ (Vollkugel)

$K = \{P \mid \overline{PM} \leq r\}$

Kugel

Für alle Kugeln gilt:

- Da jeweils nur zwei Punkte der Kugelfläche auf einer Geraden liegen, enthält die Kugeloberfläche keine Strecken, d. h. sie kann nicht in die Ebene ausgebreitet werden.
- Jede Ebene, deren Abstand vom Kugelmittelpunkt kleiner als r ist, schneidet die Kugelfläche in einem Kreis. Enthält die Schnittebene den Mittelpunkt M, so heißt der Schnittkreis auch **Großkreis**. Alle Ebenen, die den Abstand d (d < r) vom Kugelmittelpunkt besitzen, schneiden die Kugel in kongruenten Kreisen.

Das **Volumen einer Kugel** kann nach dem Cavalieri'schen Prinzip bestimmt werden. Es ergibt sich

$$V_{Ku} = \frac{4}{3} r^3 \pi$$

Da die **Oberfläche einer Kugel** nicht in die Ebene ausgebreitet werden kann, muss sie mithilfe eines Grenzprozesses bestimmt werden. Man erhält

$$O_{Ku} = 4r^2 \pi$$

Beispiel

1. Der Radius einer aufblasbaren Kugel nimmt um 10 % zu. Um wie viel Prozent nehmen dadurch Oberfläche und Rauminhalt der Kugel zu?

Lösung:
Neuer Radius $R = 1{,}1 \cdot r$
Oberflächen:

$$p_1 = \frac{O_{neu} - O_{alt}}{O_{alt}} \cdot 100\,\%$$

$$= \frac{4 \cdot (1{,}1\,r)^2 \pi - 4r^2\pi}{4r^2\pi} \cdot 100\,\%$$

$$= \frac{4r^2\pi\,(1{,}1^2 - 1)}{4r^2\pi} \cdot 100\,\% = 21\,\%$$

Volumina:

$$p_2 = \frac{V_{neu} - V_{alt}}{V_{alt}} \cdot 100\,\%$$

$$= \frac{\frac{4}{3} \cdot (1{,}1\,r)^3 \pi - \frac{4}{3}r^3\pi}{\frac{4}{3}r^3\pi} \cdot 100\,\%$$

$$= \frac{\frac{4}{3}r^3\pi\,(1{,}1^3 - 1)}{\frac{4}{3}r^3\pi} \cdot 100\,\% = 33{,}1\,\%$$

2. Einer Kugel mit dem Radius r ist ein Kegel mit der Höhe $h = \frac{1}{3}r$ einbeschrieben. Wie verhält sich das Volumen des Kegels zu dem der Kugel?

Lösung:
Für den Radius R des einbeschriebenen Kegels gilt:

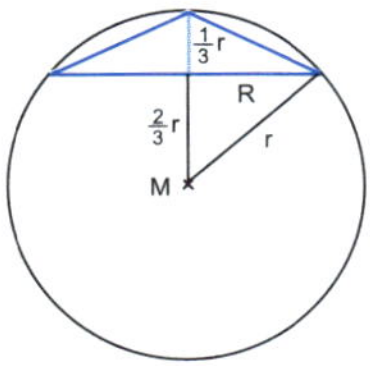

$$R^2 = r^2 - \left(\frac{2}{3}r\right)^2 = r^2 - \frac{4}{9}r^2$$

$$= \frac{5}{9}r^2 \Rightarrow R = \frac{r}{3}\sqrt{5}$$

$$V_{Ke} = \frac{1}{3}R^2\pi h = \frac{1}{3} \cdot \frac{5}{9}r^2\pi \cdot \frac{1}{3}r$$

$$= \frac{5}{81}r^3\pi$$

$$V_{Ku} = \frac{4}{3}r^3\pi = \frac{108}{81}r^3\pi$$

$$V_{Ku} : V_{Ke} = 108 : 5$$

Trigonometrie

Maßstäbliche Zeichnungen und Messungen von geeigneten Winkeln und Strecken haben uns in den bisherigen Betrachtungen der Geometrie die Möglichkeit gegeben, Längen und Winkel zu bestimmen. Die Genauigkeit einer zeichnerischen Lösung reicht aber bei vielen Aufgabenstellungen nicht aus. Hier springt die Trigonometrie ein, die die Berechnung von Dreiecken und damit von beliebigen, geradlinig begrenzten geometrischen Figuren ermöglicht. Der Weg führt von der Berechnung rechtwinkliger Dreiecke zur Berechnung beliebiger Dreiecke.

1 Winkelfunktionen am rechtwinkligen Dreieck

Die Winkelfunktionen wurden ursprünglich am rechtwinkligen Dreieck definiert. Auf dieser Grundlage werden wir ihre Eigenschaften erkunden.

1.1 Definition der Winkelfunktionen und ihre Werte

In allen rechtwinkligen Dreiecken, die in einem spitzen Winkel übereinstimmen, sind die Verhältnisse der entsprechenden Seiten zueinander gleich. Für diese Verhältnisse verwendet man als Definition der Winkelfunktionen die folgenden Bezeichnungen:

Definitionen der Winkelfunktionen

Sinus: $\sin\alpha = \frac{\text{Gegenkathete von } \alpha}{\text{Hypotenuse}} = \frac{a}{c}$

Kosinus: $\cos\alpha = \frac{\text{Ankathete von } \alpha}{\text{Hypotenuse}} = \frac{b}{c}$

Tangens: $\tan\alpha = \frac{\text{Gegenkathete von } \alpha}{\text{Ankathete von } \alpha} = \frac{a}{b}$

Kotangens: $\cot\alpha = \frac{\text{Ankathete von } \alpha}{\text{Gegenkathete von } \alpha} = \frac{b}{a}$

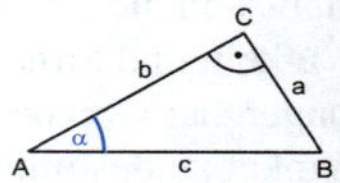

Aus der Definition der Winkelfunktionen und der Beziehung in einem rechtwinkligen Dreieck folgt:

$\tan\alpha = \frac{\sin\alpha}{\cos\alpha}$; $\sin\alpha = \cos(90° - \alpha)$;

$\cos\alpha = \sin(90° - \alpha)$; $\cot\alpha = \frac{1}{\tan\alpha}$

Deshalb wird im Folgenden nur der Tangens statt des Kotangens betrachtet.

Die Werte von trigonometrischen Funktionen kann man am besten in einem Dreieck bestimmen, dessen Hypotenuse den Wert 1 besitzt.

Jedem Winkel α wird im Einheitskreis (= Kreis mit einem Radius von 1 LE) eindeutig ein Sinuswert bzw. ein Kosinuswert zugeordnet.

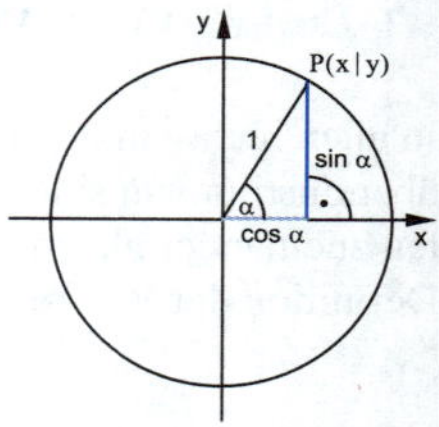

Sinusfunktion: $\alpha \mapsto \sin\alpha$

Kosinusfunktion: $\alpha \mapsto \cos\alpha$

Die beiden Winkelfunktionen sind über den Satz des Pythagoras miteinander verknüpft. Es gilt:

$(\sin\alpha)^2 + (\cos\alpha)^2 = 1$

Andere Schreibweise:

Beziehung zwischen den Funktionswerten des gleichen Winkels

$\sin^2\alpha + \cos^2\alpha = 1$

Man erkennt: $\sin\alpha \le 1$; $\cos\alpha \le 1$

Tangensfunktion: $\alpha \mapsto \tan\alpha$

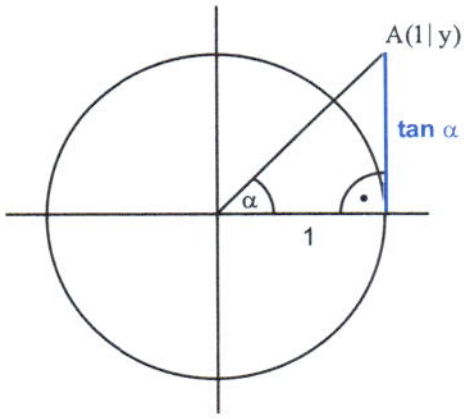

Besondere Werte sind:

$\sin 0° = 0$;	$\cos 0° = 1$	$\tan 0° = 0$
$\sin 30° = \frac{1}{2}$;	$\cos 30° = \frac{1}{2}\sqrt{3}$	$\tan 30° = \frac{1}{3}\sqrt{3}$
$\sin 45° = \frac{1}{2}\sqrt{2}$;	$\cos 45° = \frac{1}{2}\sqrt{2}$	$\tan 45° = 1$
$\sin 60° = \frac{1}{2}\sqrt{3}$;	$\cos 60° = \frac{1}{2}$	$\tan 60° = \sqrt{3}$
$\sin 90° = 1$;	$\cos 90° = 0$	$\tan 90°$ ist nicht definiert.

Werte für weitere Winkel kann man erfreulicherweise dem Taschenrechner entnehmen: Will man Winkelwerte im Gradmaß verwenden, muss der Rechner im **DEG-Modus** sein. Die entsprechende Taste liefert den gesuchten Wert.

Beispiel

1. Berechne $\sin 42{,}34°$.

   Lösung:
   Tastenfolge: 42,34 [SIN] Anzeige: 0,6735287
   $\Rightarrow \sin 42{,}34° = 0{,}6735$

2. Berechne aus $\sin\alpha = 0{,}3588$ den zugehörigen Winkel.

   Lösung:
   Tastenfolge: 0,3588 [SIN⁻¹] Anzeige: 21,0265819
   $\Rightarrow \sin\alpha = 0{,}3588 \Rightarrow \alpha = 21{,}03°$

1.2 Berechnungen am rechtwinkligen Dreieck

Im nebenstehenden rechtwinkligen Dreieck gilt:

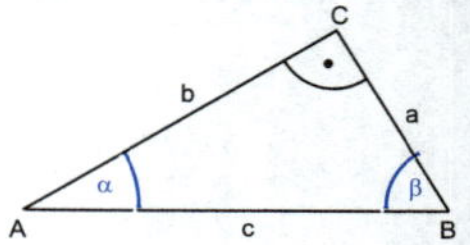

$\sin\alpha = \frac{a}{c}$ $\sin\beta = \frac{b}{c}$

$\cos\alpha = \frac{b}{c}$ $\cos\beta = \frac{a}{c}$

$\tan\alpha = \frac{a}{b}$ $\tan\beta = \frac{b}{a}$

Beispiel 1. Ein Altstadthaus hat einen wie in der Skizze dargestellten Giebel mit $h = 3{,}2$ m, $\overline{AB} = 10$ m und $\gamma_2 = 65{,}43°$. Berechne die Neigungswinkel α und β des Daches.

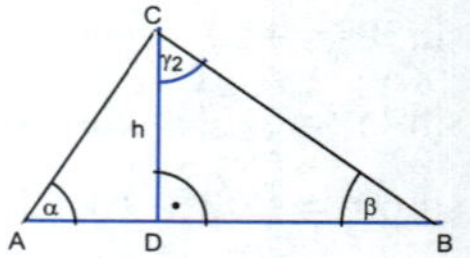

Lösung:

$\beta = 90° - \gamma_2 = 90° - 65{,}43°$
$= 24{,}57°$

ΔDBC:

$\tan\gamma_2 = \frac{\overline{DB}}{h} \Rightarrow$

$\overline{DB} = h \cdot \tan\gamma_2$

$\overline{DB} = 3{,}2\text{ m} \cdot \tan 65{,}43°$
$= 7{,}00\text{ m}$

$\overline{AD} = \overline{AB} - \overline{DB} = 3\text{ m}$

ΔADC:

$\tan\alpha = \frac{h}{\overline{AD}} = \frac{3{,}2}{3} \Rightarrow \alpha = 46{,}85°$

2. Eine gerade Pyramide ABCDS hat eine quadratische Grundfläche mit der Kante a = 4 cm und die Seitenkante s = 6 cm. Bestimme den Neigungswinkel α einer Seitenkante gegen die Grundfläche sowie den Neigungswinkel β der Seitenfläche gegen die Grundfläche (siehe Skizze).

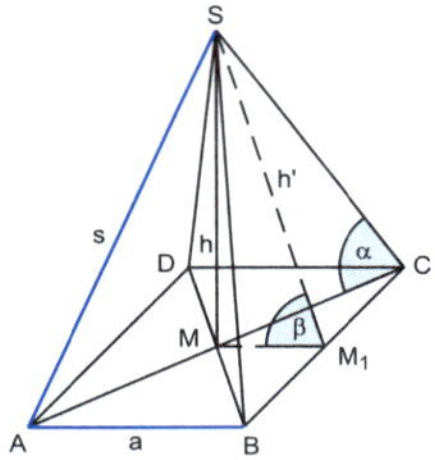

Lösung:

ΔMCS:

$h^2 + \overline{MC}^2 = s^2 \;\wedge\; \overline{MC} = \frac{a}{2}\sqrt{2}$

(halbe Diagonale im Quadrat)

$h^2 = s^2 - \overline{MC}^2$

$\Rightarrow\; h = \sqrt{s^2 - \overline{MC}^2} = \sqrt{36-8} = \sqrt{28}$

$h = 5{,}29 \text{ cm}$

$\sin\alpha = \frac{h}{s} = \frac{5{,}29}{6} \;\Rightarrow\; \alpha = 61{,}84°$

ΔM_1MS:

$\tan\beta = \frac{h}{\frac{a}{2}} = \frac{5{,}29}{2} \;\Rightarrow\; \beta = 69{,}29°$

3. Ein Lichtstrahl fällt unter dem Winkel $\alpha = 42°$ auf eine dicke Glasplatte und setzt seinen Weg durch das Glas unter dem Winkel $\beta < \alpha$ fort.
Dabei gilt das Brechungsgesetz $\frac{\sin\alpha}{\sin\beta} = n$ mit $n = 1{,}5$ (Luft–Glas).

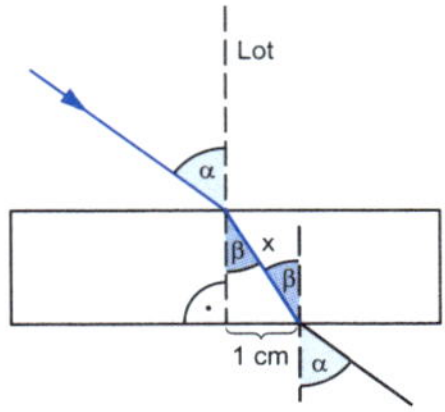

Wie groß ist der Winkel β und welchen Weg x legt der Lichtstrahl im Glas zurück, wenn sich die Austrittsstelle des Lichtstrahls 1 cm vom Lot entfernt befindet (siehe Skizze)?

Lösung:

$\frac{\sin\alpha}{\sin\beta} = n \;\Rightarrow\; \sin\beta = \frac{\sin\alpha}{n} = \frac{\sin 42°}{1{,}5} \;\Rightarrow\; \beta = 26{,}49°$

$\sin\beta = \frac{1}{x} \;\Rightarrow\; x = \frac{1}{\sin 26{,}49°} = 2{,}24$

Der Weg durch das Glas beträgt 2,24 cm.

1.3 Winkelfunktionen für Werte über 90°

Liegt ein Punkt $P(x\,|\,y)$ auf dem Einheitskreis im 1. Quadranten, so gilt für seine Koordinaten: $x = \cos\alpha$ und $y = \sin\alpha$. Diese Definition überträgt man auf beliebige Punkte des Einheitskreises.

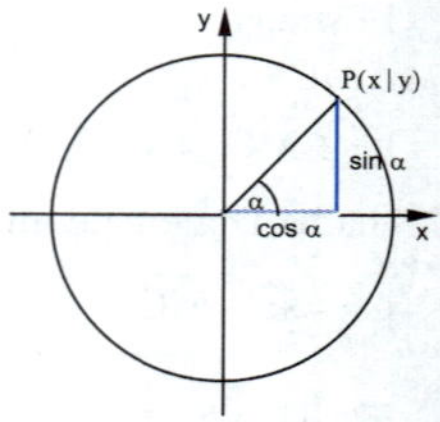

Werte im 2. Quadranten

Im **2. Quadranten** gilt für $\alpha_2 = 180° - \alpha$:

$\sin(180° - \alpha) = \sin\alpha$

$\cos(180° - \alpha) = -\cos\alpha$

$\tan(180° - \alpha) = -\tan\alpha$

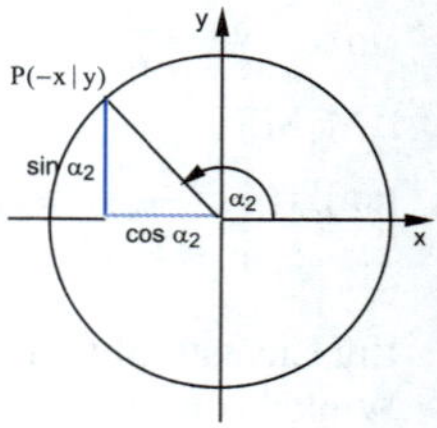

Werte im 3. Quadranten

Im **3. Quadranten** gilt für $\alpha_3 = 180° + \alpha$:

$\sin(180° + \alpha) = -\sin\alpha$

$\cos(180° + \alpha) = -\cos\alpha$

$\tan(180° + \alpha) = \tan\alpha$

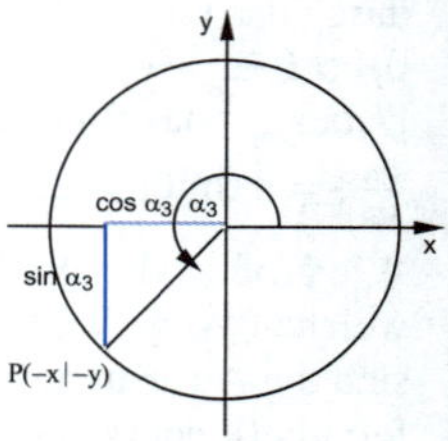

Werte im 4. Quadranten

Im **4. Quadranten** gilt für $\alpha_4 = 360° - \alpha$:

$\sin(360° - \alpha) = -\sin\alpha$

$\cos(360° - \alpha) = \cos\alpha$

$\tan(360° - \alpha) = -\tan\alpha$

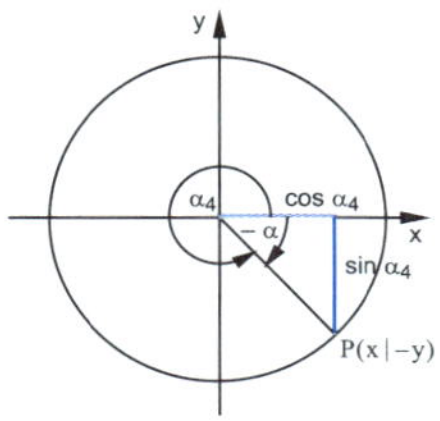

Werte für Winkel größer 360°

Dreht man den Winkel über den vollen Winkel weiter, so sieht man, dass Sinus, Kosinus und Tangens **periodische Funktionen** sind. Es gilt für $k \in \mathbb{Z}$:

$\sin(\alpha + k \cdot 360°) = \sin\alpha$

$\cos(\alpha + k \cdot 360°) = \cos\alpha$

$\tan(\alpha + k \cdot 180°) = \tan\alpha$

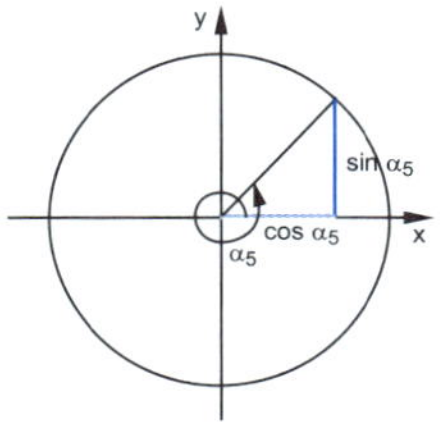

Werte für negative Winkel

Winkel, deren Drehrichtung der Uhrzeigersinn ist, werden als **negative Winkel** bezeichnet. Für sie gilt:

$\sin(-\alpha) = -\sin\alpha$

$\cos(-\alpha) = \cos\alpha$

$\tan(-\alpha) = -\tan\alpha$

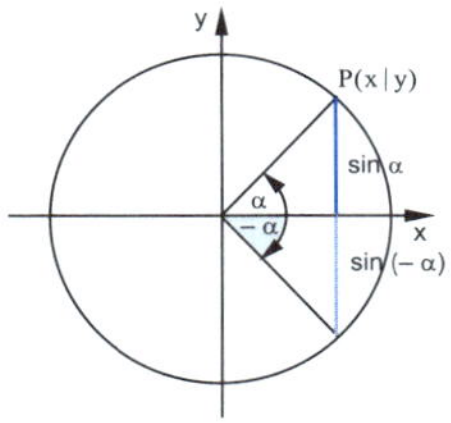

Eine trigonometrische Gleichung heißt auch **goniometrische** Gleichung.

1. Bestimme die Lösungen der folgenden Gleichung in der Grundmenge $G = [0°; 360°[$: **Beispiel**

   $8\sin^2\alpha - 2\sin\alpha - 1 = 0$

Lösung:

Substitution $u = \sin\alpha$

$8u^2 - 2u - 1 = 0$

Lösungsformel für die quadratische Gleichung:

$u_{1/2} = \frac{1}{2a}(-b \pm \sqrt{b^2 - 4ac})$

$u_{1/2} = \frac{1}{16}(2 \pm \sqrt{4+32}) = \frac{1}{16}(2 \pm 6)$

$u_1 = \frac{1}{2} = \sin\alpha \quad \Rightarrow \quad \alpha_1 = 30°; \alpha_2 = 180° - 30° = 150°$

$u_2 = -\frac{1}{4} = \sin\alpha \quad \Rightarrow \quad \alpha' = 44{,}48°$

$\alpha_3 = 180° + \alpha' = 194{,}48°$

$\alpha_4 = 360° - \alpha' = 345{,}52°$

(Lösungsmenge $L = \{\alpha_1, \alpha_2, \alpha_3, \alpha_4\}$

2. Jeder Punkt $P(x\,|\,y)$ des Koordinatensystems kann auch durch seinen Abstand r vom Koordinatenursprung und durch den Winkel α, den die Verbindung Punkt–Ursprung mit der positiven x-Achse bildet, angegeben werden.

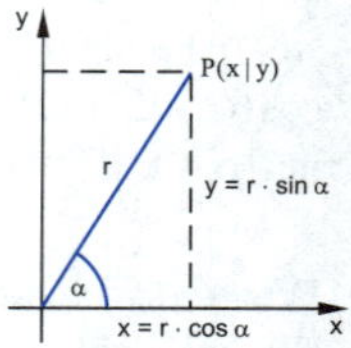

Die Werte r und α heißen die **Polarkoordinaten** des Punktes P, d. h. es gilt: $P(x\,|\,y) = \mathbf{P(r\,|\,\alpha)}$.

Aus der nebenstehenden Skizze erkennt man:

$\mathbf{r = \sqrt{x^2 + y^2}}$ und $\mathbf{\tan\alpha = \frac{y}{x}}$

z. B. Polarkoordinaten des Punktes $P(-3\,|\,4)$:

$r = \sqrt{(-3)^2 + 4^2} = \sqrt{9+16} = \sqrt{25} = 5$

$\tan\alpha = \frac{4}{-3} \Rightarrow \alpha' = 53{,}13° \Rightarrow \alpha = 180° - \alpha' = 126{,}87°$

$\Rightarrow P(5; 126{,}87°)$

z. B. kartesische Koordinaten des Punktes $P(6\,|\,325°)$:

$x = r \cdot \cos\alpha = 6 \cdot \cos 325° = 4{,}91$

$y = r \cdot \sin\alpha = 6 \cdot 325° = -3{,}44$

$\Rightarrow P(4{,}91\,|\,-3{,}44)$

1.4 Graphen der trigonometrischen Funktionen

Trägt man auf der x-Achse die Winkelwerte im Bogenmaß $x = \frac{\varphi}{180°} \cdot \pi$ ab, so ergeben die Zuordnungen $x \mapsto \sin x$ die Sinusfunktion, $x \mapsto \cos x$ die Kosinusfunktion und $x \mapsto \tan x$ die Tangensfunktion, die folgende Graphen besitzen:

Graph der **Sinusfunktion**:

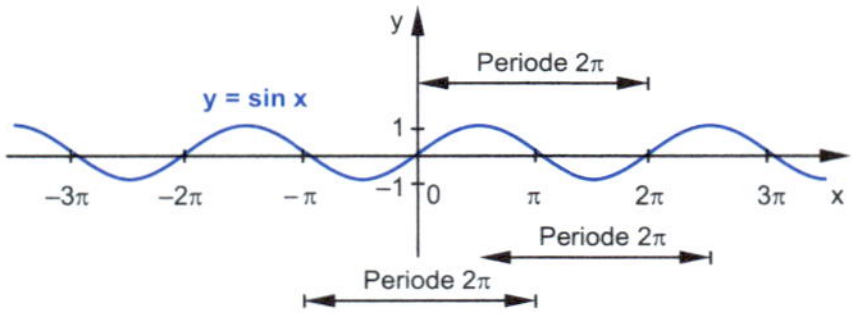

Graph der **Kosinusfunktion**:

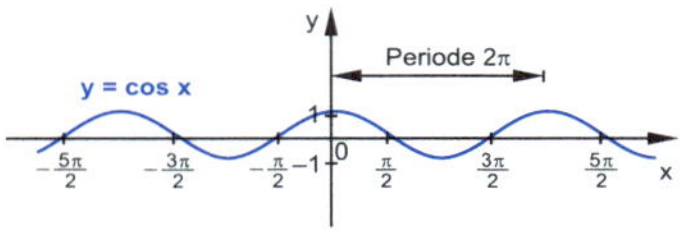

Graph der **Tangensfunktion**:

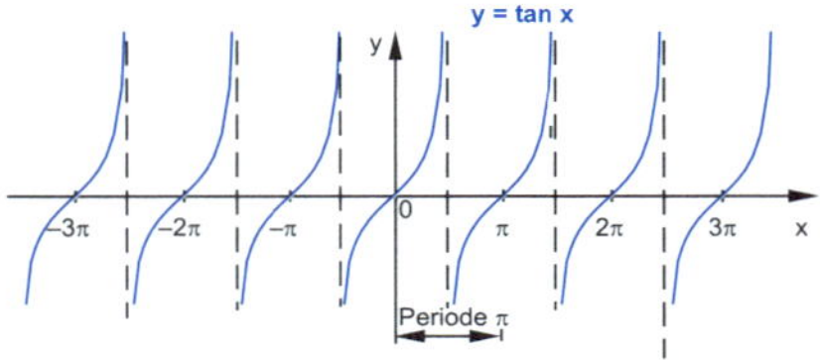

2 Berechnungen allgemeiner Dreiecke

Mithilfe des Sinussatzes und des Kosinussatzes können die Berechnungsmöglichkeiten durch trigonometrische Funktionen auf beliebige Dreiecke übertragen werden.

2.1 Sinussatz

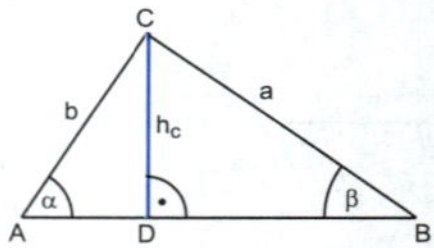

Die Teildreiecke ΔADC und ΔDBC sind rechtwinklig.
Dort gilt:

$$\sin\alpha = \frac{h_c}{b} \quad \Rightarrow \quad h_c = b\sin\alpha$$

$$\sin\beta = \frac{h_c}{a} \quad \Rightarrow \quad h_c = a\sin\beta$$

Unter Verwendung der anderen Dreieckshöhen ergibt sich daraus:

Sinussatz
In einem Dreieck verhalten sich die Längen zweier Seiten zueinander wie die Sinuswerte ihrer Gegenwinkel.

$$\frac{a}{b} = \frac{\sin\alpha}{\sin\beta};\ \frac{a}{c} = \frac{\sin\alpha}{\sin\gamma};\ \frac{b}{c} = \frac{\sin\beta}{\sin\gamma}$$

Wegen $A_\Delta = \frac{1}{2}\cdot c\cdot h_c = \frac{1}{2}\cdot c\cdot b\cdot\sin\alpha = \frac{1}{2}\cdot b\cdot c\cdot\sin\alpha$ ergibt sich die

Formel für die Dreiecksfläche
Der Flächeninhalt eines jeden Dreiecks ist gleich dem halben Produkt aus den Längen zweier Seiten und dem Sinus des eingeschlossenen Winkels.

$$A = \frac{1}{2}bc\sin\alpha = \frac{1}{2}ac\sin\beta = \frac{1}{2}ab\sin\gamma$$

Beispiel

Von einem Dreieck ABC sind die Seite c = 5 cm sowie die Winkel $\alpha = 35°$ und $\beta = 70°$ gegeben. Bestimme den Winkel γ, die Seiten a und b sowie die Fläche des Dreiecks.

Lösung:
Die konstruktive Lösung ist nach dem wsw-Satz eindeutig, also auch die rechnerische.
Man berechnet (siehe Skizze):

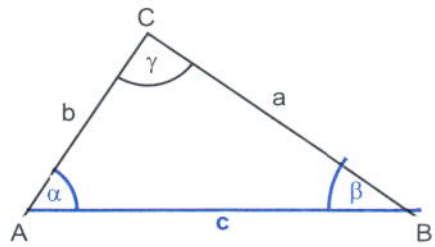

$$\gamma = 180° - (\alpha + \beta) = 180° - 105° = 75°$$

$$\frac{a}{c} = \frac{\sin\alpha}{\sin\gamma} \quad\Rightarrow\quad a = c \cdot \frac{\sin\alpha}{\sin\gamma} = 5 \cdot \frac{\sin 35°}{\sin 75°}\text{ cm} = 2{,}97\text{ cm}$$

$$\frac{b}{c} = \frac{\sin\beta}{\sin\gamma} \quad\Rightarrow\quad b = c \cdot \frac{\sin\beta}{\sin\gamma} = 5 \cdot \frac{\sin 70°}{\sin 75°}\text{ cm} = 4{,}86\text{ cm}$$

$$A_\Delta = \frac{1}{2}ac\sin\beta = \frac{1}{2} \cdot 2{,}97\text{ cm} \cdot 5\text{ cm} \cdot \sin 70° = 6{,}98\text{ cm}^2$$

2.2 Kosinussatz

Die Teildreiecke ΔADC und ΔDBC sind rechtwinklig. Mit $h_c = b\sin\alpha$, $c_1 = b\cos\alpha$ und $c_2 = c - c_1$ gilt:

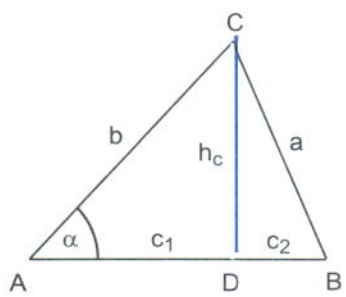

$$a^2 = h_c^2 + c_2^2$$

$$\begin{aligned} a^2 &= b^2(\sin\alpha)^2 + c^2 - 2bc\cos\alpha + b^2(\cos\alpha)^2 \\ &= b^2(\sin^2\alpha + \cos^2\alpha) + c^2 - 2bc\cos\alpha \\ &= b^2 + c^2 - 2bc\cos\alpha \end{aligned}$$

Entsprechende Gleichungen erhält man, wenn man die anderen Dreieckshöhen verwendet. Man erhält für jedes Dreieck ABC:

Kosinussatz

$$a^2 = b^2 + c^2 - 2bc\cos\alpha$$
$$b^2 = a^2 + c^2 - 2ac\cos\beta$$
$$c^2 = a^2 + b^2 - 2ab\cos\gamma$$

Anmerkung: Der Kosinussatz heißt **verallgemeinerter Satz des Pythagoras**, weil sich z. B. für $\gamma = 90°$ der Satz des Pythagoras in der Form $c^2 = a^2 + b^2$ ergibt.

Beispiel Von einem Dreieck ABC sind die drei Seiten $a = 6$ cm, $b = 5$ cm und $c = 7$ cm gegeben. Berechne die drei Winkel α, β und γ sowie die Fläche des Dreiecks.

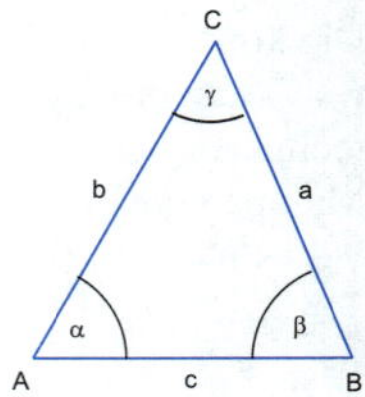

Lösung:

$a^2 = b^2 + c^2 - 2bc \cos\alpha$

$2bc \cos\alpha = b^2 + c^2 - a^2$

$\cos\alpha = \frac{b^2 + c^2 - a^2}{2bc} = \frac{25 + 49 - 36}{70}$

$\Rightarrow \; \alpha = 57{,}12°$

Weiter mit dem Sinussatz:

$\frac{\sin\beta}{\sin\alpha} = \frac{b}{a} \; \Rightarrow$

$\sin\beta = \frac{b}{a} \cdot \sin\alpha = \frac{5}{6} \cdot \sin 57{,}12°$

$\Rightarrow \beta = 44{,}41°$

$\gamma = 180° - (\alpha + \beta) = 180° - 101{,}53° = 78{,}47°$

$A_\Delta = \frac{1}{2} bc \sin\alpha = \frac{1}{2} \cdot 5 \text{ cm} \cdot 7 \text{ cm} \cdot \sin 57{,}12° = 14{,}70 \text{ cm}^2$

2.3 Anwendungsbeispiele

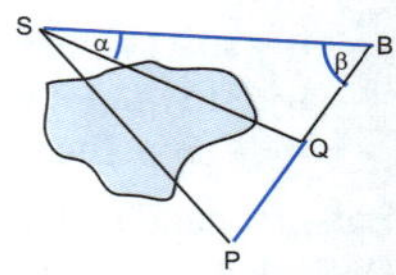

1. Von einem der beiden Geländepunkte P oder Q (siehe Skizze), deren Entfernung $\overline{PQ}$ bekannt ist, soll ein Abwasserkanal zu dem Sammler S durch unzugängliches Gelände gebaut werden.
   Man wählt den Messpunkt $B \in PQ$ und misst die Länge $\overline{BS}$.
   Bekannt sind die Größen $\overline{PQ} = 123$ m, $\overline{BS} = 380$ m, $\alpha = 26{,}5°$ und $\beta = 40°$.
   Entscheide durch Rechnung, welche der beiden Streckenlängen $\overline{QS}$ oder $\overline{PS}$ die kürzere Verbindung ist.

Lösung:

ΔSQB:

Sinussatz: $\varphi = \sphericalangle(SQB)$

$\frac{\overline{SQ}}{\overline{SB}} = \frac{\sin\beta}{\sin\varphi}$

$\wedge\ \varphi = 180° - (\alpha + \beta)$

$= 113{,}5°$

$\overline{SQ} = \frac{\sin 40°}{\sin 113{,}5°} \cdot 380\ \text{m}$

$= 266{,}35\ \text{m}$

Sinussatz:

$\frac{\overline{BQ}}{\overline{SB}} = \frac{\sin\alpha}{\sin\varphi} \Rightarrow$

$\overline{BQ} = \overline{SB} \cdot \frac{\sin\alpha}{\sin\varphi}$

$= 380\,\text{m} \cdot \frac{\sin 26{,}5°}{\sin 113{,}5°} = 184{,}89\ \text{m}$

$\Rightarrow \overline{PB} = \overline{PQ} + \overline{QB} = 123\ \text{m} + 184{,}89\ \text{m} = 307{,}89\ \text{m}$

Kosinussatz:

$\overline{SP}^2 = \overline{SB}^2 + \overline{PB}^2 - 2 \cdot \overline{SB} \cdot \overline{PB} \cdot \cos\beta$

$= 380^2 + 307{,}89^2 - 2 \cdot 380 \cdot 307{,}89 \cdot \cos 40°$

$\Rightarrow \overline{SP} = 244{,}84\ \text{m}$

Wegen $\overline{SP} < \overline{SQ}$ ist $\overline{SP}$ die kürzere Verbindung.

2. Um vom Land aus die Höhe $h = \overline{FS}$ eines auf einer vorgelagerten Insel stehenden Leuchtturms zu bestimmen, steckt man am Strand eine Standlinie $\overline{AB} = 420\ \text{m}$ ab und misst die Winkel $\alpha = 48{,}7°$, $\beta = 72{,}2°$ und $\delta = 6{,}2°$ (siehe räumliche Skizze).

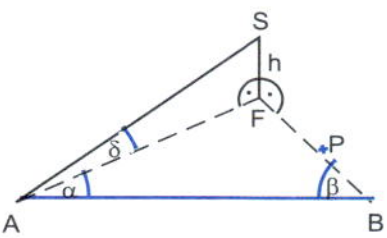

a) Berechne die Höhe h des Leuchtturms auf m gerundet.

b) Eine Fähre, die die Strecke [BF] befährt, sendet im Punkt P ein Nebelhornsignal aus, das in S genau eine Sekunde nach dem Aussenden empfangen wird (Schallgeschwindigkeit: $v_S = 330\,\frac{\text{m}}{\text{s}}$).
Wie weit ist die Fähre von F und von A entfernt?

Lösung:

a) ΔABF: $\varphi = \sphericalangle(BFA)$

$$\varphi = 180° - (\alpha + \beta)$$
$$= 180° - (48{,}7° + 77{,}2°)$$
$$\varphi = 54{,}10°$$

Sinussatz:

$$\frac{\overline{AF}}{\overline{AB}} = \frac{\sin\beta}{\sin\varphi}$$

$$\Rightarrow \overline{AF} = \overline{AB} \cdot \frac{\sin\beta}{\sin\varphi} = 420\text{ m} \cdot \frac{\sin 77{,}2°}{\sin 54{,}1°}$$

$$\Rightarrow \overline{AF} = 505{,}61\text{ m}$$

ΔAFS:

$$\tan\delta = \frac{h}{\overline{AF}} \Rightarrow h = \overline{AF} \cdot \tan\delta = 505{,}61\text{ m} \cdot \tan 6{,}2°$$

$$\Rightarrow h = 54{,}93\text{ m}$$

Die Höhe des Leuchtturms beträgt 54,93 m.

b) $\overline{PS} = v \cdot t = 330\,\frac{\text{m}}{\text{s}} \cdot 1\text{ s} = 330\text{ m}$

ΔPFS:

Satz des Pythagoras:

$$\overline{PF}^2 = \overline{PS}^2 - \overline{FS}^2 \Rightarrow \overline{PF} = \sqrt{330^2 - 54{,}93^2}$$

$$\Rightarrow \overline{PF} = 325{,}40\text{ m}$$

ΔAPF:

Kosinussatz:

$$\overline{AP}^2 = \overline{AF}^2 + \overline{PF}^2 - 2 \cdot \overline{AF} \cdot \overline{PF} \cdot \cos\varphi$$
$$= 505{,}61^2 + 325{,}40^2 - 2 \cdot 505{,}61 \cdot 325{,}4 \cdot \cos 54{,}1°$$

$$\Rightarrow \overline{AP} = 410{,}59\text{ m}$$

Die Fähre ist von F 325,40 m und von A 410,59 m entfernt.

3. Durch einen Bergrücken soll von P nach Q ein waagrechter Eisenbahntunnel gebaut werden. Um die Länge ℓ und die Richtung φ des Tunnels zu bestimmen, misst man von einer waagrechten Standlinie $\overline{AB} = c = 500$ m auf dem Bergrücken die Horizontalwinkel $\alpha_1 = 55°$, $\alpha_2 = 37°$; $\beta_1 = 69°$ und $\beta_2 = 72°$ (siehe Skizze).

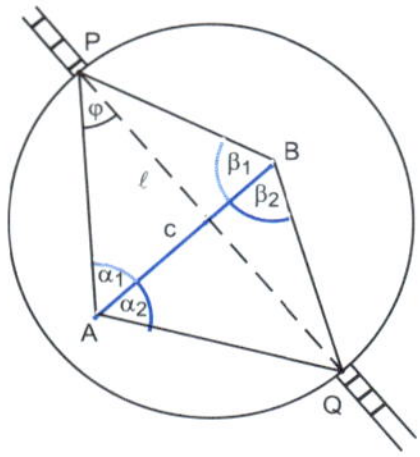

Berechne die Länge ℓ des Tunnels sowie den Richtungswinkel φ (runde die Längen auf volle Meter).

Lösung:

ΔABP:

$\gamma_1 = 180° - (\alpha_1 + \beta_1) = 56°$

Sinussatz:

$$\frac{b_1}{c} = \frac{\sin\beta_1}{\sin\gamma_1}$$

$$\Rightarrow\ b_1 = c \cdot \frac{\sin\beta_1}{\sin\gamma_1} = 500\text{ m} \cdot \frac{\sin 69°}{\sin 55°} \approx 563\text{ m}$$

ΔAQB:

$\gamma_2 = 180° - (\alpha_2 + \beta_2) = 71°$

Sinussatz:

$$\frac{b_2}{c} = \frac{\sin\beta_2}{\sin\gamma_2}$$

$$\Rightarrow\ b_2 = c \cdot \frac{\sin\beta_2}{\sin\gamma_2} = 500\text{ m} \cdot \frac{\sin 72°}{\sin 71°} \approx 503\text{ m}$$

ΔAQP:

$\alpha = \alpha_1 + \alpha_2 = 92°$

Kosinussatz:

$$\ell^2 = b_1^2 + b_2^2 - 2b_1b_2\cos\alpha = 563^2 + 503^2 - 2 \cdot 263 \cdot 503 \cdot \cos 92°$$

$$\Rightarrow\ \ell \approx 768\text{ m}$$

Sinussatz:

$$\frac{\sin\varphi}{\sin\alpha} = \frac{b_2}{\ell}\ \Rightarrow\ \sin\varphi = \frac{b_2}{\ell} \cdot \sin\alpha = \frac{503}{768} \cdot \sin 92°$$

$$\Rightarrow\ \varphi = 40{,}89°$$

Der Tunnel ist etwa 768 m lang. Der Richtungswinkel φ zur Strecke [PA] beträgt $\varphi = 40{,}89°$.

4. Ein Dreieck ABC mit a = 10 cm, β = 30° und γ = 45° rotiere um die Seite a. Bestimme das Volumen des Drehkörpers.

Lösung:
Es entsteht ein Doppelkegel mit dem Grundkreisradius h und der Gesamthöhe (Höhensumme) a.

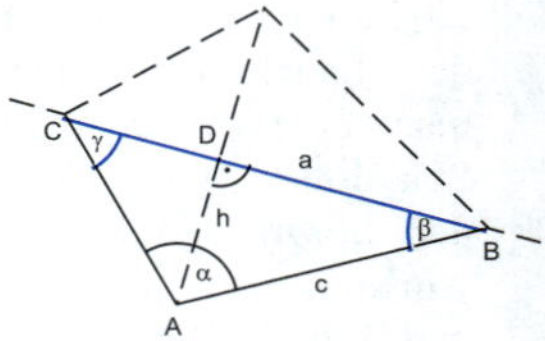

ΔABD:
$\sin\beta = \frac{h}{c} \Rightarrow h = c \cdot \sin\beta$

ΔABC:

$$\alpha = 180° - (\beta + \gamma) = 180° - (30° + 45°) = 105°$$

Sinussatz:

$$\frac{c}{a} = \frac{\sin\gamma}{\sin\alpha}$$

$$\Rightarrow c = a \cdot \frac{\sin\gamma}{\sin\alpha}$$

$$\Rightarrow h = a \cdot \frac{\sin\gamma \cdot \sin\beta}{\sin(180° - (\beta + \gamma))} = a \cdot \frac{\sin\gamma \cdot \sin\beta}{\sin(\beta + \gamma)}$$

$$V = \frac{1}{3} h^2 \pi \cdot a$$

$$= \frac{1}{3} a^2 \cdot \frac{\sin^2\gamma \cdot \sin^2\beta}{\sin^2\alpha} \cdot \pi \cdot a$$

$$= \frac{1}{3} a^3 \pi \frac{\sin^2\gamma \cdot \sin^2\beta}{\sin^2\alpha}$$

$$= \frac{1}{3} \cdot 10^3 \pi \cdot \frac{\sin^2 45° \cdot \sin^2 30°}{\sin^2 105°}$$

$$= 140{,}30\ \text{cm}^3$$

Das Volumen des Drehkörpers beträgt 140,30 cm^3.

Stichwortverzeichnis

Abbildung 6 ff.
Abbildung, zusammengesetzte 10
Abbildungsvorschrift
- der Achsenspiegelung 6
- der Drehung 9
- der Punktspiegelung 7
- der Verschiebung 8
- der zentrischen Streckung 39

Abstand 5
Abstand zweier Punkte im Koordinatensystem 52
Abszissenachse 2
Achsenpunkte 6
Achsenspiegelung
- Abbildungsvorschrift der 6
- doppelte 7 ff.
- Eigenschaften der 6
- mehrfache 10

Achsensymmetrie 6
Ähnlichkeitsabbildung 44
Ähnlichkeitskonstruktionen 46
Ähnlichkeitsmerkmale 44
Ähnlichkeitssätze für Dreiecke 45
Ankathete 82
Aufriss 66
Außenwinkel 4
Axiom 3

Basis 17
Basiswinkel 17
Behauptung 35
Berührpunkt 28
Berührung zweier Kreise 33
besondere Linien im Dreieck 18
Betrag eines Vektors 52
Beweis 35 ff.
Beweisfigur 36
Bildpunkt 6 ff.
Bogenmaß 89

Diagonale 2
Diagonale eines Quadrats 52
diagonalsymmetrisches Viereck 26
Differenzvektor 42
direkter Beweis 36
Distributivgesetz
- für Skalare 43
- für Vektoren 43

Doppelspiegelung an
- beliebigen Achsen 9
- parallelen Achsen 8
- senkrechten Achsen 7

Dodekaeder 73
Drachenviereck 26
Drehung
- Abbildungsvorschrift der 9
- Eigenschaften der 9

Drehwinkel 9
Drehzentrum 9
Dreieck
- gleichschenkliges 17
- gleichseitiges 17
- rechtwinkliges 18

Dreieckskonstruktion 21 ff.
Dreiecksungleichung 17
Durchmesser 60

Ebene 64
Einheitskreis 82

Fasskreisbogen 29
Fasskreisbogenpaar 29
Fixgerade 6
Fixpunkt 6 ff.
Fixpunktgerade 6
Flächeninhalt
- beliebiger Vielecke 57 f.
- eines Dreiecks 58
- eines Kreises 60
- eines Kreissektors 60

• eines Parallelogramms 57
• eines Quadrats 57
• eines Rechtecks 57
• eines Trapezes 59
Funktion, trigonometrische 89

Gegenbeispiel 36
Gegenkathete 62
gegensinnig winkeltreu 6
Gegenvektor 42
geometrischer Ort 19 ff.
Gerade 1, 63
Geradenkreuzung 4
geradentreu 6
gerade Pyramide 70
gerader Kreiskegel 76
gerades Prisma 69
gleichschenklig 17
gleichsinnig winkeltreu 7
goniometrische Gleichung 87
goldenes Rechteck 56
goldener Schnitt 55
Grad 3
Großkreis 78
Grundfläche 70
Grundkonstruktion 21
Grundriss 66

Halbgerade 1
harmonische Punkte 47
harmonische Teilung 47
hinreichend 37
Höhe
• eines Dreiecks 18
• eines Kegels 76
• eines Parallelogramms 57
• eines Prismas 69
• einer Pyramide 70
• eines Zylinders 75
Höhensatz 50
Höhenschnittpunkt 18
Hypotenuse 50
Hypotenusenabschnitt 50

indirekter Beweis 37
Inkreis 18
Inkreismittelpunkt 18
Innenwinkel 4
Innenwinkelsumme
• eines Dreiecks 4
• eines n-Ecks 4
• eines Vierecks 4
Ikosaeder 73

Kathete 50
Kathetensatz 51
Kegel, gerader 76
Kehrsatz 37
kongruente Dreiecke 19
Kongruenzabbildung 6 ff.
• zusammengesetzte 10
Kongruenzbeweis 35
Kongruenzsätze 19
Konstruktion
• der Achsenpunkte 12
• der Bildpunkte 12
• der Symmetrieachse 13
• der Winkelhalbierenden 15
• des Lotes 13 f.
• einer Parallelen 12, 14
• eines 60°-Winkels 16
• von Dreiecken 21 ff.
• von Vierecken 25
Konstruktionsplan 18
Koordinatensystem 2
Koordinaten 2
Kosinusfunktion 82
Kosinuskurve 89
Kosinussatz 91
Kreis 19
Kreisäußeres 20
Kreisbogen 60
Kreisfläche 20
Kreisinneres 20
Kreispassante 28
Kreissekante 28
Kreistangente 28
Kreisumfang 60
Kreiszahl π 60
Kreiszylinder, gerader 75

Kugel 78
Kugeloberfläche 78
Kugelvolumen 78

Lage
• von Ebenen 64
• von Ebenen und Geraden 64
• von Geraden 63
Länge
• eines Kreisbogens 60
• einer Strecke 52
• eines Vektors 52
längentreu 6
Lehrsatz 3
Lot 5, 13, 64
Lotkonstruktion 13
lotsymmetrische Vierecke 26

Mantelfläche
• eines Kegels 77
• eines Prismas 69
• einer Pyramide 71
• eines Zylinders 75
Mantellinie 76
Mittelparallele 20
Mittelpunkt 19
Mittelpunktswinkelsatz 29
Mittelsenkrechte 18, 20

Nachbarwinkel 4
Nebenwinkel 4
n-Eck 2
Neigungswinkel
• Ebene – Ebene 71
• Gerade – Ebene 71
Netz 69
notwendig 37
notwendig und hinreichend 38
Nullvektor 42

Oberflächeninhalt
• eines Kegels 77
• einer Kugel 78
• eines Prismas 69
• einer Pyramide 71
• eines Zylinders 75
Oktaeder 73
Ordinatenachse 2

parallel 4, 14
Parallelenkonstruktion 12
Parallelenpaar 20
Parallelogramm 26
Parallelprojektion
• Eigenschaften der 66
• senkrechte 66
Passante 28
Periode 89
Pfeil 42
pi (π) 60
Planfigur 19
Platonische Körper 73
Polyeder 73
Polarkoordinaten 88
Prinzip von Cavalieri 71
Prisma
• gerades 69
• n-seitiges 69
Projektion, senkrechte 66
Projektionsgerade 66
Punktemenge 19 f.
Punktspiegelung 7
Pyramide
• gerade 60
• Grundfläche einer 60
• Höhe einer 60
• Mantel einer 61
• Seitenfläche einer 61
• Seitenkante einer 61
Pythagoras
• Satz des 51
• Satzgruppe des 50 ff.

Quadrant 86
Quadrat 26

Radius 19
Rauminhalt (Volumen)
• eines Kegels 77
• einer Kugel 78

• eines Prismas 69
• einer Pyramide 72
• eines Zylinders 75
Raute 26
Rechteck 26
rechtwinkliges Dreieck 50
rechtwinkliges Koordinatensystem 2
regelmäßiges n-Eck 31
reguläres Polyeder 73
Rissachse 67

Satz
• des Thales 18
• des Pythagoras 51
• -gruppe des Pythagoras 50 ff.
• über Seite-Winkel-Beziehung im Dreieck 18
• Verallgemeinerung des Satzes des Pythagoras 54
• vom Drachenviereck 26
• vom gleichschenkligen Dreieck 17
• vom gleichseitigen Dreieck 17
• vom Inkreis 18
• vom Mittelpunktswinkel 29
• vom Schwerpunkt 18
• vom Sehnenviereck 31
• vom Tangentenviereck 31
• vom Umfangswinkel 29
• vom Umkreis 18
• von den Achsenpunkten 6
• von den Höhen 18
• von den punktsymmetrischen Geraden 7
Scheitel 1
Scheitelwinkel 4
Schnittgerade 65
Schrägbild 67
Schwerlinien 18
Schwerpunkt im Dreieck 18
Sehnenviereck 31
Seitenfläche 69
Seitenhalbierende 18
Seitenkante 69
Seitenverhältnis 45
Sekante 28
senkrecht 4, 13
senkrechte Geraden 4
senkrechte Projektion 66
Sinusfunktion 82
Sinuskurve 89
Sinussatz 90
Skalar 43
S-Multiplikation 43
Spiegelbilder 12
Spiegelungen 6 ff.
Spitze 76
Spurpunkt 64
Strahl 1
Strahlensatz 48
Strecke 1
Streckenübertragung 11
Streckenverhältnisse 47
Streckfaktor 39
Streckzentrum 39
Stufenwinkel 4
Summenvektor 42
Symmetrie 6
Symmetrieachse 6, 13, 20

Tangensfunktion 83
Tangenskurve 89
Tangente 28
Tangentenviereck 31
Teilpunkt 46
Teilung
• äußere 46
• harmonische 47
• im goldenen Schnitt (stetige) 55
• innere 46
Teilverhältnis 46
Teilverhältnis des goldenen Schnitts 55
Tetraeder 73
Thaleskreis 21
Trapez 26
• gleichschenkliges 26
trigonometrische Funktion 89

trigonometrische Gleichung 87

Umfang des Kreises 60
Umfangswinkel 29
Umfangswinkelsatz 29
Umkehrabbildung 40
Umkreis eines Dreiecks 18
Umkreismittelpunkt 18
Ursprung 2

Vektor 42
Vektoraddition 42
Vektorsubtraktion 42
verhältnistreue Abbildung 40
Verkettung von Abbildungen 10
Verschiebung
- Abbildungsvorschrift 8
- Eigenschaften der 8
- im Koordinatensystem 8

Verschiebungspfeil(-vektor) 8
vertikal 13
Verzerrungsverhältnis 67
Verzerrungswinkel 67
Vieleck, reguläres 31
Viereck
- achsensymmetrisches 26
- allgemeines 25
- lotsymmetrisches 26
- punktsymmetrisches 26

Viereckskonstruktion 25
Volumen (siehe Rauminhalt)
Voraussetzung 35
Vorüberlegung 19

wahre Länge 67
Wechselwinkel 4
Wenn-dann-Form 35
Widerspruchsbeweis 37
windschief 63
Winkel 1, 3
- an einer Geradenkreuzung 3
- rechter 3
- spitzer 3
- stumpfer 3

Winkelberechnungen
- im beliebigen Dreieck 90
- im rechtwinkligen Dreieck 84

Winkelfunktionen 81
Winkelfunktionen für Werte über 90° 86
Winkelgesetze
- an parallelen Geraden 4
- im Dreieck 17

Winkelgröße 3
Winkelhalbierende 15, 20
Winkelminute 3
Winkelsekunde 3
Winkelübertragung 12
winkeltreue Abbildung
- gleichsinnig 7 ff.
- ungleichsinnig 6, 10

Würfel 73

Zentrische Streckung
- Abbildungsvorschrift 39
- Eigenschaften der 40
- Konstruktionen zur 40 f.

Zentrale 33
Zentrum 39
zusammengesetzte
- Ähnlichkeitsabbildung 44
- Kongruenzabbildung 10

Zweifachspiegelung 7 ff.
Zweitafelprojektion 67
Zylinder 75

Ihre Meinung ist uns wichtig !

Ihre Anregungen sind uns immer willkommen. Bitte informieren Sie uns mit diesem Schein über Ihre Verbesserungsvorschläge!

Titel-Nr.	Seite	Vorschlag

Bitte hier abtrennen

Bitte hier abtrennen

Zutreffendes bitte ankreuzen! Die Absenderin/der Absender ist:

- ☐ Lehrer/in den Klassenstufen: ______
- ☐ Fachbetreuer/in
  Fächer: ______
- ☐ Seminarlehrer/in
  Fächer: ______
- ☐ Regierungsfachberater/in
  Fächer: ______
- ☐ Oberstufenbetreuer/in
- ☐ Schulleiter/in
- ☐ Leiter/in Lehrerbibliothek
- ☐ Leiter/in Schülerbibliothek
- ☐ Referendar/in, Termin 2. Staatsexamen: ______
- ☐ Sekretariat
- ☐ Schüler/in, Klasse: ______
- ☐ Eltern
- ☐ Sonstiges: ______

Kennen Sie Ihre Kundennummer? Bitte hier eintragen.

Absender (Bitte in Druckbuchstaben!)

Name/Vorname

Straße/Nr.

PLZ/Ort

Telefon privat

Geburtsjahr

E-Mail

Schule/Schulstempel (Bitte angeben!)

Unterrichtsfächer: (Bei Lehrkräften!)

STARK Verlag
Postfach 1852
85318 Freising

16-V1T

Bitte ausfüllen und im frankierten Umschlag an uns einsenden. Für Fensterkuverts geeignet.

(Bitte blättern Sie um)